材料科学与工程高新科技译丛

新型嵌入式金属网透明电极
非真空制备技术及在柔性电子器件中的应用

［巴基］阿尔沙德汗（Arshad Khan）　著

解勤兴　译

中国纺织出版社有限公司

内 容 提 要

本书详细论述了嵌入式金属网透明电极（EMTEs）的结构和低成本非真空制备方法，并介绍了其在柔性电子器件中的应用。EMTEs具有高导电性、高透光性以及独特的嵌入式结构，表现出优异的力学、化学和环境稳定性。同时，可以在不牺牲表面光滑度和透光度的情况下通过增加金属网厚度有效提升导电性。

本书适合从事电极制备和柔性器件研究的科研人员阅读，也可供相关领域的技术人员参考。

First published in English under the title
Novel Embedded Metal-mesh Transparent Electrodes: Vacuum-free Fabrication
Strategies and Applications in Flexible Electronic Devices
by Arshad Khan, edition: 1
Copyright © Springer Nature Singapore Pte Ltd., 2020
This edition has been translated and published under licence from
Springer Nature Singapore Pte Ltd.
Springer Nature Singapore Pte Ltd. takes no responsibility and shall not be
made liable for the accuracy of the translation

著作权合同登记号：图字：01-2023-2285

图书在版编目（CIP）数据

新型嵌入式金属网透明电极：非真空制备技术及在柔性电子器件中的应用/（巴基）阿尔沙德汗（Arshad Khan）著；解勤兴译. -- 北京：中国纺织出版社有限公司，2024.1
（材料科学与工程高新科技译丛）
书名原文：Novel Embedded Metal-mesh Transparent Electrodes: Vacuum-free Fabrication Strategies and Applications in Flexible Electronic Devices
ISBN 978-7-5229-0466-5

Ⅰ．①新…　Ⅱ．①阿…　②解…　Ⅲ．①金属网－金属电极－研究　Ⅳ．① O646.54

中国国家版本馆 CIP 数据核字（2023）第 056372 号

责任编辑：陈怡晓　　责任校对：王蕙莹　　责任印制：王艳丽

中国纺织出版社有限公司出版发行
地址：北京市朝阳区百子湾东里 A407 号楼　邮政编码：100124
销售电话：010—67004422　传真：010—87155801
http://www.c-textilep.com
中国纺织出版社天猫旗舰店
官方微博 http://weibo.com/2119887771
天津千鹤文化传播有限公司印刷　各地新华书店经销
2024 年 1 月第 1 版第 1 次印刷
开本：710×1000　1/16　印张：7.25
字数：125 千字　定价：168.00 元

译者序

透明电极具有高导电性和高可见光透过率，在有机太阳能电池、显示器、触摸屏、薄膜发热器和智能窗户等领域有着广泛的应用。随着可穿戴电子器件的快速发展，柔性透明电极已成为当前重点研究课题。

由于传统的氧化铟锡（ITO）基透明导体的机械强度和柔韧性比较低，新型可替代 ITO 基透明电极在新兴柔性电子器件领域引起了广泛关注，如石墨烯、碳纳米管和导电聚合物等有机类透明导体，以及金属薄膜、随机无序金属纳米线网络和有序金属网等无机类透明导体。其中，金属网透明电极的电导率和透光率可以通过调整节距、线宽和金属网厚度等几何参数进行有效优化。但是，常规金属网透明电极的制备通常需要用到非常昂贵的真空气相沉积技术，而且存在表面形貌粗糙、与柔性基底的附着力弱等缺陷。

针对上述关键问题，《新型嵌入式金属网透明电极：非真空制备技术及在柔性电子器件中的应用》一书引入了一种具有独特优势结构的新型金属网透明电极并介绍其制备方法。该电极金属网以嵌入的形式机械地锚定在柔性基底上，不仅极大地提高了电极的机械稳定性，而且可以在不牺牲表面光滑度和透光度的情况下，通过增加金属网厚度有效提升电极的导电性。同时，嵌入式金属网透明电极（EMTEs）具有非常好的化学和环境稳定性，可适用于多种金属材料和热塑性基底，因而在柔性电子器件中有着广泛的应用前景。

本书详细介绍了两种低成本 EMTEs 非真空制备技术，包括光刻—电镀—压印转移（LEIT）及模板电沉积—压印转移（TEIT）技术，适用于高产出、大批量和低成本的工业化生产。同时，本书也系统地探讨了EMTEs 在柔性双面染料敏化太阳能电池（DSSCs）和柔性透明薄膜加热器（FTTHs）中的应用。

全书共分 7 章。第 1 章简要介绍了相关研究背景，包括新型透明导体及其分类；第 2 章介绍了 EMTEs 结构以及制备关键技术；第 3 章主要介绍了 EMTEs 的 LEIT 制备方法；第 4 章主要介绍了 EMTEs 的 TEIT 制备方法；第 5 章论述了纳米 EMTEs 的制备以及 LEIT 和 TEIT 方法的尺度可伸缩性；第 6 章主要探讨了 EMTEs 在 DSSCs 和 FTTHs 中的应用；第 7 章系统总结了金属网透明电极的主要研究成果以及未来研究方向。

希望本书的出版能够为相关领域的研究工作者提供新的思路和有益借鉴，借此激发相关人员的学习和研究兴趣，培养优秀人才，促进新型透明电极及新一代柔性电子器件在我国的发展和应用。

本书的翻译得到了天津工业大学材料科学与工程学院和中国纺织出版社有限公司领导以及同事、朋友的帮助，在此表示衷心的感谢，同时感谢家人的理解和支持。

为了方便读者阅读和理解，本书翻译采用意译的方式，以使其相关论述更符合中文表达方式。由于译者水平和学识有限，加上时间比较紧张，翻译难免存在不当或疏漏之处，敬请广大读者批评指正。

解勤兴教授
2023 年 1 月
于天津工业大学

原作者序

本书介绍了一种新型柔性透明电极结构，其特点是金属网完全嵌入并机械地锚定在柔性基底上，称为嵌入式金属网透明电极（EMTEs）。这种新型透明电极具有低成本、非真空制备的特点，并在柔性电子器件中得到应用。EMTEs 的嵌入式特性，使材料在对器件制作至关重要的表面光滑度，高弯曲应力下的力学稳定性，与基底的强附着力和优异的柔韧性，以及对湿气、氧气和化学物质的抵抗性等方面具有优势。这种新型制备技术基于溶液和非真空方式，因此可适用于大批量和低成本的生产，尤其是这种制备技术能够制造高深宽（厚度与线宽）比的金属网，从而在不显著降低透明度的情况下大幅度提高电极导电性。

本书介绍了 EMTEs 非真空制备方法，该方法结合了光刻、电镀和压印转移（LEIT）技术。利用该方法制备的各种柔性微 EMTEs 和柔性纳米 EMTEs，透光率高于 90%，薄层电阻低于 $1\Omega/m^2$，而且品质因子（电导率与光导率之比）高达 1.5×10^4。虽然 LEIT 是一种制备 EMTEs 的高性价比方法，但这一方法在制备样品时必须经过光刻步骤，限制了其在大批量工业化生产中的应用，需要进一步简化。

因此，本书同时介绍了基于模板电沉积的改进技术，即模板电沉积—压印转移（TEIT）技术，省略了 LEIT 生产周期中的强制性光刻步骤。该方法利用可重复使用的模板来简化 EMTEs 的制备过程。同样地，基于这些改进的技术，在柔性基底上制备了原型微米和纳米 EMTEs，并表现出优异的电学和光学性能。通过多次重复使用，验证了模板在循环使用过程中的机械强度。

在实际应用方面，EMTEs 可用于柔性双面染料敏化太阳能电池（DSSCs）和柔性透明薄膜加热器（FTTHs）。为 DSSCs 开发了一种新型对电极（CE），该对电极包含微 EMTEs，其中仅在镍网表面原位电沉积催化活性铂纳米粒子（PtNPs），而不显著降低其光学透明度。基于这种杂化 PtNPs 修饰微 EMTEs 组装了柔性双面 DSSCs，在正面光照和背面光照下均表现出优异的功率转换效率（PCEs）。此外，基于 EMTEs 组装了一个 FTTH 器件并进行了表征，该器件具有响应速度快、输入功率密度低和工作电压超低的优点。这些结果证明，该方法在 EMTEs 的生产、低成本商业化，以及高效率柔性电子设备方面具有巨大的发展潜力。

阿尔沙德汗博士

香港匍匐林

目　录

第1章 透明导体简介

与绝缘体材料不同，导电材料在可见光区域通常是不透明的。透明导电氧化物（TCOs）是一种特殊的材料，如氧化铟锡（ITO）、氟掺杂氧化锡（FTO）和氧化锌等，具有既导电又高度透明的特性。其中，ITO 被视为透明导体（TCs）的标准材料而被广泛应用于各种电子器件中，例如发光二极管、太阳能电池、显示器、触摸屏和智能窗户等。与传统透明导体相比，下一代透明导体不仅应具有低薄层电阻和高光学透明度，而且应具有优异的柔韧性，以便满足新兴柔性电子器件的要求。尽管 ITO 基透明导体具有高导电性、在可见光区的高透光率和良好的环境稳定性等优异性能，但仍存在许多问题，如膜脆易碎、红外透光率低、自然丰度低等，同时塑料膜基底不能进行高温退火工序，因而大大限制了它们在下一代柔性电子器件中的应用。因此，有必要开发新型的透明导体来替代传统的TCOs，以应对新兴电子器件的挑战。为了帮助读者了解相关背景，本章对新型透明导体进行了简要介绍。

与材料科学中的其他研究课题类似，可替代传统 ITO 的透明导体通常可细分为有机物和无机物两大类。有机替代物主要包括碳纳米管（CNTs）、石墨烯和其他导电聚合物。

1.1 氧化铟锡有机替代物

1.1.1 碳纳米管

与 ITO 薄膜相比，碳纳米管机械强度较高，作为可替代柔性透明导体表现出了很强的发展潜力。同时，碳纳米管被认为是最硬的材料之一，兼具优异的电学性能和其他特性。由于其独特的电子和力学性能，近年来碳纳米管作为透明导体已经被成功应用于柔性电子器件中。迄今为止，人们已经成功开发了转移印刷、真空抽滤和旋转涂膜等技术来制备碳纳米管基透明导体，其光学和电学性能均可满足有机太阳能电池、柔性显示器、发光二极管和触摸屏的要求。尽管碳纳米管具有高光学透明度和优异的机械柔韧性等良好性能，但导电性仍然比较低，其薄层电阻比典型的 ITO 基透明导体要高很多，并且很难实现大面积、高性能透明导体的制备，因此不适合应用在商业化大型柔性电子器件上。

1.1.2 石墨烯

由于石墨烯具有独特的性能，其被推荐为可替代透明导体的材料。据报道，石墨烯的强度约为钢的 200 倍，兼具高导热和高导电性能，而且几乎是完全透明的。迄今为止，研究者们已开发了诸多方法在柔性基底上制备石墨烯膜，包括在催化剂表面进行化学气相沉积生长石墨烯、氧化石墨烯还原、石墨插层和石墨烯片沉积等。近年来，在改善石墨烯基透明导体的光电性能方面已取得了显著进展。据报道，在铜催化剂（对角线长为 762mm）上成功制备了大面积石墨烯薄膜，并利用接触法成功地将其转移到柔性聚合物基底上。研究发现，膜的薄层电阻为 $30\Omega/m^2$，透明度为 90%。然而，石墨烯基透明导体的这种优异性能很难重复，通常典型的薄层电阻为每平方米几百欧，光学透过率为 80% 左右。尽管结构完美的理想石墨烯作为透明导体具有巨大的发展潜力，但目前制备均匀的石墨烯膜仍然极其困难，而且成本高昂。此外，由于存在晶体缺陷、折叠和褶皱等现象，石墨烯的电学和光学性能会迅速衰退。

1.1.3 其他导电聚合物

在本征导电聚合物中，电荷转移是通过长链的离域键（芳香环、碳双键）进行的。由于缺乏自由载流子，与 ITO 基透明导体相比，这类材料的导电性非常低。除了导电性差之外，因存在可见吸收共振特性，大部分本征导电聚合物在可见光区域是不透明的。然而，通过在一些本征透明的导电聚合物的重复结构单元中掺杂导电剂可将其成功转化为电荷转移聚合物，如聚（3,4- 乙烯二氧噻吩）：聚苯乙烯磺酸盐（PEDOT：PSS）。在 PEDOT：PSS 中，PEDOT 作为本征导电聚合物，而 PSS 作为掺杂剂可有效提高负载流子的浓度，从而有助于提升导电性。此外，PEDOT：PSS 没有可见吸收共振，因此，通常在实验室中作为透明导体小规模使用。然而，PEDOT：PSS 也存在一些明显不足，如水溶性高、分子结构不稳定和易降解等，因而无法在大规模工业化应用中得到广泛推广。

1.2 氧化铟锡无机替代物

无机透明导体被认为是最有可能取代 ITO 基透明导体的材料之一，主要包括透明金属薄膜、随机无序金属纳米线网络和有序金属网。

1.2.1 透明金属薄膜

在大多数电子器件中，用作背电极（阴极）的金属膜厚度一般比较大，为几十至几百纳米。薄金属膜厚度为几纳米，小于可见光波长，具有光学透明的特点，因此可用作透明前电极（阳极）。目前，多种不同功能的金属材料已被成功应用作柔性电子器件的阳极，如金（Au）、镍（Ni）、银（Ag）、铂（Pt）等。通过保障金属薄膜在整个基底区域的厚度和品质均一性，同时优化透明导体的电导率和光学透过率可以满足目标应用的要求。但是，在大面积基底上制备超薄且均匀的金属薄膜仍面临极大的挑战。因此，金属薄膜要替代传统的 ITO 基透明导体，必须在制备技术方面取得重大进展。

1.2.2 随机无序金属纳米线网络

由随机无序金属纳米线网络制备的无机透明导体是一类很有发展前景的材料，在导电性、光学透明度和机械柔韧性方面表现出巨大的应用潜力。特别是，由无序银纳米线（AgNWs）渗透法制备的透明导体引起了人们的强烈兴趣。AgNWs 可以均匀分散在油墨中，因而可以通过低成本溶液印刷工艺在大面积柔性基底上制作柔性电子器件。但是应该看到，银纳米线网络仍存在一些缺陷，如不能在基底上均匀分布且易于分层脱落。同时，随机分布纳米线网络的应用也比较困难，一般需要额外的工艺来消除纳米线周围覆盖的聚合物并降低界面电阻，如选择性焊接、批量加热或者其他化学调整方法。

1.2.3 有序金属网

与 AgNWs 基透明导体相比，有序金属网透明电极的电导率和透光率可以在比较宽的范围内通过调整节距、线宽和金属厚度来进行优化，因此具有更好的应用发展前景。此外，用于制备纳米线的原材料可选择范围窄，而对于有序金属网透明导体，可以根据目标应用所需的化学性能和功能来选择各种金属材料。然而，金属网透明导体的广泛应用依然受到一些关键因素的制约，如气相真空镀膜工艺成本高、膜表面形貌粗糙不平，以及金属网与柔性基底间的附着力弱等。在解决这些问题方面，目前已有不少研究取得了进展。如将银胶纳米粒子嵌入到塑料薄膜的压纹沟槽中，这一技术方案已被成功应用于商业化制备。但是，可生成纳米粒子的金属种类很少，而且退火后纳米粒子的导电性通常会显著降低，从而导致性能下降。研究发现，采用化学方法可以在溶液中生长 AgNWs 有序阵列，但是这种技术只适用于极少数金属，制备工艺的可扩展性非常有限。针对上述挑战，关键是要设计新型金属网透明导体结构，同时寻求更好的和可扩展的制备方法。本书着重于突破这些限制的关键技术，以促进金属网透明导体在柔性电子行业的广泛应用。

1.3　内容概述

本书详细介绍了嵌入式金属网透明电极（EMTEs），重点讨论了其独特的结构优势，以及能够突破关键技术瓶颈的新型透明电极的制备方法。为了使读者详细了解相关研究背景，本文第 1 章简要介绍了新型透明导体及其分类。第 2 章主要介绍了嵌入式金属网透明电极的结构，并总结了电极制备关键步骤和方法。第 3 章全面论述了一种新颖的制备微 EMTEs 的光刻—电镀—压印转移（LEIT）方法，并成功在柔性薄膜基底上制备了透光率大于 90%、薄层电阻小于 $1\Omega/m^2$、品质因子高达 1.5×10^4 的各种铜基微 EMTEs 原型。第 4 章集中讨论了改进的模板电沉积—压印转移（TEIT）方法。基于这种 TEIT 技术，成功地在柔性基底上制备了微 EMTEs 原型，其呈现出良好的电学和光学性能。第 5 章介绍了在柔性基底上制备纳米 EMTEs，并验证了 LEIT 和 TEIT 制备技术的尺度可伸缩性。第 6 章全面讨论了 EMTEs 在柔性电子器件中的应用，包括在柔性双面染料敏化太阳能电池（DSSCs）和柔性透明薄膜加热器（FTTHs）中的应用。第 7 章简要总结了主要研究成果以及未来研究方向。

参考文献

［1］WU J，AGRAWAL M，BECERRIL H A，et al. Organic light-emitting diodes on solution-processed graphene transparent electrodes［J］. ACS Nano，2010，4（1）：43-48.

［2］YU Z，LI L，ZHANG Q，et al. Silver nanowire-polymer composite electrodes for efficient polymer solar cells［J］. Adv Mater，2011，23（38）：4453-4457.

［3］BLAKE P，BRIMICOMBE P D，NAIR R R，et al. Graphene-based liquid crystal device［J］. Nano Lett，2008，8（6）：1704-1708.

［4］WANG J，LIANG M，FANG Y，et al. Rod-Coating：towards large-area fabrication of uniform reduced graphene oxide films for flexible touch screens［J］. Adv Mater, 2012, 24（21）: 2874–2878.

［5］DEB S K, LEE S, TRACY C E, et al. Stand–alone photovoltaic–powered electrochromic smart window［J］. Electrochim Acta, 2001, 46（13）: 2125–2130.

［6］HECHT D S, HU L, IRVIN G. Emerging transparent electrodes based on thin films of carbon nanotubes, graphene, and metallic nanostructures［J］. Adv Mater, 2011, 23（13）: 1482–1513.

［7］ELLMER K. Past achievements and future challenges in the development of optically transparent electrodes［J］. Nat Photon, 2012, 6（12）: 809–817.

［8］CAIRNS D R, WITTE R P, SPARACIN D K, et al. Strain–dependent electrical resistance of tin–doped indium oxide on polymer substrates［J］. Appl Phys Lett, 2000, 76（11）: 1425–1427.

［9］TAHAR B, HADJ R, BAN T, et al. Tin doped indium oxide thin films: electrical properties［J］. J Appl Phys, 1998, 83（5）: 2631–2645.

［10］KUMAR A, ZHOU C. The race to replace tin–doped indium oxide: which material will win［J］. ACS Nano, 2010, 4（1）: 11–14.

［11］BAUGHMAN R H, ZAKHIDOV A A, DE HEER W A. Carbon nanotubes–the route toward applications［J］. Sci, 2002, 297（5582）: 787–792.

［12］IIJIMA S. Helical microtubules of graphitic carbon［J］. Nat, 1991, 354（6348）: 56–58.

［13］TASIS D, TAGMATARCHIS N, BIANCO A, et al. Chemistry of carbon nanotubes［J］. Chem, 2006, 106（3）: 1105–1136.

［14］WU Z, CHEN Z, DU X, et al. Transparent, conductive carbon nanotube films［J］. Sci, 2004, 305（5688）: 1273–1276.

［15］LAGEMAAT J, BARNES T M, RUMBLES G, et al. Organic solar cells with carbon nanotubes replacing In_2O_3: Sn as the transparent electrode［J］. Appl Phys Lett, 2006, 88（23）: 233503.

［16］ROWELL M W, TOPINKA M A, MCGEHEE M D, et al. Organic solar cells with carbon nanotube network electrodes［J］. Appl Phys Lett, 2006, 88（23）: 233506.

［17］PINT C L, XU Y Q, MOGHAZY S, et al. Dry contact transfer printing of aligned carbon nanotube patterns and characterization of their optical properties for diameter distribution and alignment［J］. ACS Nano, 2010, 4（2）: 1131–1145.

［18］ BENJAMIN K, BALAJI P. Vacuum filtration based formation of liquid crystal films of semiconducting carbon nanotubes and high performance transistor devices ［J］. Nanotechnol, 2014, 25（17）: 175201.

［19］ JO J W, JUNG J W, LEE J U, et al. Fabrication of highly conductive and transparent thin films from single–walled carbon nanotubes using a new non–ionic surfactant via spin coating［J］. ACS Nano, 2010, 4（9）: 5382–5388.

［20］ MATTEVI C, EDA G, AGNOLI S, et al. Evolution of electrical, chemical, and structural properties of transparent and conducting chemically derived graphene thin films［J］. Adv Funct Mater, 2009, 19（16）: 2577–2583.

［21］ WASSEI J K, KANER R B. Graphene, a promising transparent conductor［J］. Mater Today, 2010, 13（3）: 52–59.

［22］ PARK S, LEE K S, BOZOKLU G, et al. Graphene oxide papers modified by divalent ions–enhancing mechanical properties via chemical cross–linking［J］. ACS Nano, 2008, 2（3）: 572–578.

［23］ REINA A, JIA X, HO J, et al. Large area, few–layer graphene films on arbitrary substrates by chemical vapor deposition［J］. Nano Lett, 2009, 9（1）: 30–35.

［24］ DE S, KING P J, LOTYA M, et al. Flexible, transparent, conducting films of randomly stacked graphene from surfactant–stabilized, Oxide–Free graphene dispersions［J］. Small, 2010, 6（3）: 458–464.

［25］ BAE S, KIM H, LEE Y, et al. Roll–to–roll production of 30–inch graphene films for transparent electrodes［J］. Nat Nano, 2010, 5（8）: 574–578.

［26］ BISWAS C, LEE YH. Graphene versus carbon nanotubes in electronic devices［J］. Adv Funct Mater, 2011, 21（20）: 3806–3826.

［27］ BAE S Y, JEON I Y, YANG J, et al. Large– Area graphene films by simple solution casting of edge–selectively functionalized graphite［J］. ACS Nano, 2011, 5（6）: 4974–4980.

［28］ PATIL A O, HEEGER A J, WUDL F. Optical properties of conducting polymers ［J］. Chem Rev, 1988, 88（1）: 183–200.

［29］ STENGER–SMITH J D. Intrinsically electrically conducting polymers, Synthesis, character– ization, and their applications［J］. Prog Polym Sci, 1998, 23（1）:

57-79.

[30] ELSCHNER A, KIRCHMEYER S, LOVENICH W, et al. PEDOT：principles and applications of an intrinsically conductive polymer [M] . Wiley, 2010.

[31] LIPOMI D J, LEE J A, VOSGUERITCHIAN M, et al. Electronic properties of transparent conductive films of PEDOT：PSS on stretchable substrates [J] . Chem Mater, 2012, 24 (2): 373-382.

[32] LIN K, KUMAR R S, PENG C, et al. Au-ITO anode for efficient polymer light-emitting device operation [J] . IEEE Photonic Tech L, 2005, 17 (3): 543-545.

[33] LEE C J, PODE R B, MOON D G, et al. Realization of an efficient top emission organic light-emitting device with novel electrodes [J] . Thin Solid Films, 2004, 467 (1): 201-208.

[34] ZHIJUN W, SHUFEN C, HUISHAN Y, et al. Top-emitting organic light-emitting devices based on silicon substrate using Ag electrode [J] . Semicond Sci Technol, 2004, 19 (9): 1138-1140.

[35] PENG H, ZHU X, SUN J, et al. Efficient organic light-emitting diode using semitransparent silver as anode [J] . Appl Phys Lett, 2005, 87 (17): 173505.

[36] GU D, ZHANG C, WU Y K, et al. Ultrasmooth and thermally stable silver-based thin films with subnanometer roughness by aluminum doping [J] . ACS Nano, 2014, 8 (10): 10343-10351.

[37] CHENGFENG Q. Top-emitting OLED using praseodymium oxide coated platinum as hole injectors [J] . IEEE Trans Electron Devices, 2004, 51 (7): 1207-1210

[38] DE S, HIGGINS T M, LYONS P E, et al. Silver nanowire networks as flexible, transparent, conducting films：Extremely high DC to optical conductivity ratios [J]. ACS Nano, 2009, 3 (7): 1767-1774.

[39] VAN DE GROEP J, SPINELLI P, POLMAN A. Transparent conducting silver nanowire networks [J] . Nano Lett, 2012, 12 (6): 3138-3144.

[40] JIU J, NOGI M, SUGAHARA T, et al. Strongly adhesive and flexible transparent silver nanowire conductive films fabricated with a high-intensity pulsed light technique [J] . J Mater Chem, 2012, 22 (44): 23561-23567.

[41] GARNETT E C, CAI W, CHA J J, et al. Self-limited plasmonic welding of silver nanowire junctions [J] . Nat Mater, 2012, 11 (3): 241-249.

[42] HU L, KIM H S, LEE J Y, et al. Scalable coating and properties of transparent,

flexible, silver nanowire electrodes ［J］. ACS Nano, 2010, 4（5）: 2955-2963.

［43］ ZHU R, CHUNG C H, CHA K C, et al. Fused silver nanowires with metal oxide nanoparticles and organic polymers for highly transparent conductors ［J］. ACS Nano, 2011, 5（12）: 9877-9882.

［44］ CHUNG C H, SONG T B, BOB B, et al. Solution-processed flexible transparent conductors composed of silver nanowire networks embedded in indium tin oxide nanoparticle matrices ［J］. Nano Res, 2012, 5（11）: 805-814.

［45］ KIM H J, LEE S H, LEE J, et al. High-durable AgNi nanomesh film for a transparent conducting electrode ［J］. Small, 2014, 10（18）: 3767-3774.

［46］ WU H, KONG D, RUAN Z, et al. A transparent electrode based on a metal nanotrough network ［J］. Nat Nano, 2013, 8（6）: 421-425.

［47］ ZHOU L, XIANG H Y, SHEN S, et al. High-performance flexible organic light-emitting diodes using embedded silver network transparent electrodes ［J］. ACS Nano, 2014, 8（12）: 12796-12805.

［48］ SCIACCA B, VAN DE GROEP J, POLMAN A, et al. Solution-grown silver nanowire ordered arrays as transparent electrodes［J］. Adv Mater, 2016, 28（5）: 905-909.

第2章　非真空技术制备嵌入式金属网透明电极

本章主要介绍了嵌入式金属网透明电极（EMTEs）的结构，并总结了其主要制备步骤。这些基于溶液方式的制备方法主要包括三个步骤，即导电基底上的网模板图形化、金属沉积到网模板和将金属网转移到柔性基底上。其中的每一个步骤均是利用非真空的方式来完成的，其中网模板图形化方法主要包括步进光刻或非步进光刻、电子束光刻（EBL）和纳米线光刻（NWL）技术，而金属沉积步骤则主要利用了电沉积和非电沉积（即化学沉积）技术。同时，根据环烯烃共聚物（COC）塑料薄膜上热纳米压印光刻（NIL）和紫外—纳米压印光刻（UV—NIL）研究进展的启发，开发了热压印转移和紫外—压印转移技术，成功地将金属网以嵌入形式转移到 COC 塑料薄膜上。

2.1　金属网透明电极发展现状

金属网基透明导体具有有序结构、优良的导电性和柔韧性，因而成为柔性电子器件的首选材料。然而，金属网透明导体的广泛应用仍面临着一些关键问题的制约。首先，制备金属网透明导体通常包含从气相中物理沉积金属材料步骤，这一过程涉及昂贵的真空处理工艺。其次，在基底上覆盖一层厚金属网，对于在许多应用中获得适当的高导电性是至关重要的，但易导致电路短路。最后，基底表面与金属网之间的附着力弱，导致一致性差，尤其是应用于高柔性电子器件中时，这一缺陷尤其明显。通过引入 EMTE 结构可以有效解决上述大部分问题，在该结构中金属网以完全嵌入的形式机械地锚定在柔性基底上。

2.2　EMTEs 的结构

EMTEs 具有非常独特的结构，其主要特点是在不牺牲表面光滑度的情况下使用厚金属网来实现高导电性。如图 2.1 所示，EMTE 包含了一个嵌入柔性基底中的金属网（即金属网完全嵌入透明柔性塑料膜中），其中金属网的上表面与基

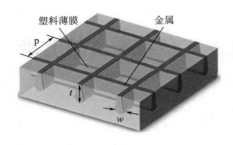

图 2.1 EMTE 结构示意图

底表面处在同一水平面上，这样可以保证后续器件组装工艺所要求的整体光滑表面。同时，金属网的下部比上部具有更宽的横向尺寸，因此可以机械地锚定在基底上，大大提高了机械稳定性。金属网的尺寸决定了 EMTE 的电导率和光学透过率，主要包括节距（p）、线宽（w）和网格厚度（t）。由于金属网的尺寸参数可以进行定制和调整，所以可以人为设计各种性能的 EMTEs 来满足不同器件的要求，同时也可以选用多种金属和热塑性基底材料。

2.3 制备 EMTEs 的主要步骤

EMTEs 的制备工艺主要包括三个步骤，即导电基底上的网模板图形化、金属沉积到网模板和将金属网转移到柔性基底上，其中每一个步骤都是基于各种溶液方式来完成的。本章系统地总结了高性价比微 / 纳 EMTEs 的制备方法。

2.3.1 网模板图形化

网模板图形化是 EMTEs 制备工艺中的关键步骤，它决定了金属网的重要尺寸参数，包括节距、线宽和截面形状。本工作主要采用了三种图形化方法，包括步进光刻和非步进光刻、电子束光刻（EBL）、纳米线光刻（NWL）。

2.3.1.1 正色调光刻技术

正色调光刻技术是一种用于微纳米制备的工艺，可以在大面积薄膜基底上刻制图案。这种方法是利用光将几何图形从光掩模板转移到基底的光刻胶上。图 2.2 是具有代表性的正色调光刻工艺流程图。

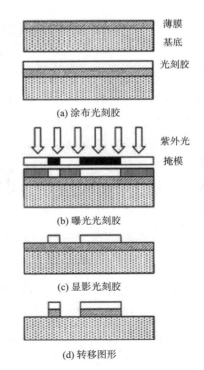

(a) 涂布光刻胶

(b) 曝光光刻胶

(c) 显影光刻胶

(d) 转移图形

图 2.2 正色调光刻薄膜工艺流程图

光刻—电镀—压印转移（LEIT）和模板电沉积—压印转移（TEIT）策略也广泛采用了光刻技术来制备微 EMTEs。在 LEIT 过程中，首先将 FTO 玻璃基底进行清洗，其次将 AZ1500 正性光刻胶以不同转速旋涂到基底上，再将光刻胶放在加热板上进行烘焙。待冷却到室温后，将光刻胶在紫外光中进行曝光，然后将光刻胶浸在显影液中进行显影处理。随后，用去离子水（DI）将产物冲洗干净，再用压缩空气吹干，最后利用光学显微镜、原子力显微镜（AFM）和扫描电子显微镜（SEM）测试分析产物的形貌特征。在本工作中，在不同厚度 AZ1500 光刻胶薄膜上制备了线宽为 2μm 和不同节距的方形网格图案。其中具有代表性的是在700nm 厚光刻胶薄膜中制备了 50μm 节距方形微网图案，图 2.3 为其光学显微镜图和原子力显微镜图。用类似的方法在光刻胶薄膜中制作了其他微网图案，并将在本书的第 3 章中进行深入讨论。

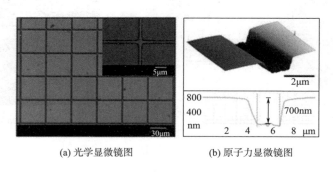

(a) 光学显微镜图　　　　　　(b) 原子力显微镜图

图 2.3　光刻胶薄膜中的微网图形

除了利用上述 LEIT 技术来制备微 EMTEs 外，还采用了步进光刻技术进行纳米 EMTEs 网模板图形化。在这一工艺中，首先在 ITO 玻璃基底上旋涂正性光刻胶，经过烘焙后用一台 i-line 步进器刻写纳米网模板图案。利用这项技术在 ITO 玻璃基底表面的光刻胶中生成了亚微米网模板图形，图 2.4 为产物的 SEM 图和 AFM 图。通过 LEIT 技术制备纳米 EMTEs 的其他细节将在本书第 5 章中进行介绍。

TEIT 技术制备微米 EMTEs 是利用光刻技术制作 SU-8 可重复使用模板。首先将 SU-8 2000 负性光刻胶（固含量为 75%）用环戊酮稀释到 10%，其次将稀 SU-8 2000 光刻胶旋转涂覆到干净的 ITO 玻璃基底上，在表面形成 500nm 厚的均匀薄膜。最后，将光刻胶置于加热板上进行预烘焙，并置于紫外光下曝光。经后烘焙和显影处理之后，再将模板放在较高的温度下进行硬烘焙，从而使 SU-8 薄膜牢固黏合在 ITO 玻璃上。图 2.5 为 SU-8 可重复使用模板的示意图和形貌表征。TEIT 制备工艺和产物表征将在本书第 4 章中详细介绍。

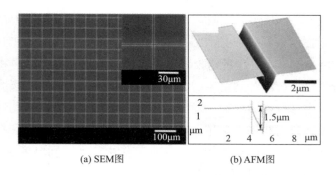

(a) SEM图   (b) AFM图

图 2.4　利用紫外步进器在光刻胶薄膜中生成的纳米网模板原型的形貌表征

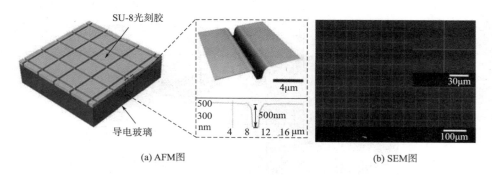

(a) AFM图   (b) SEM图

图 2.5　SU-8 光刻胶层中利用光刻技术生成微网

2.3.1.2　电子束光刻技术

电子束光刻（EBL）是利用扫描聚焦电子束在涂有电子敏感抗蚀剂的基底上刻写定制轮廓的一种技术，如图 2.6 所示。EBL 技术可以在抗蚀膜中通过蚀刻形成非常小的形状，然后将其转移到基底材料上。EBL 技术的主要优势在于可以直接绘制具有极高分辨率的定制图案。

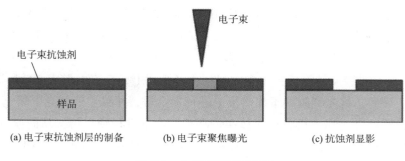

(a) 电子束抗蚀剂层的制备   (b) 电子束聚焦曝光   (c) 抗蚀剂显影

图 2.6　电子束光刻示意图

利用 EBL 技术在聚甲基丙烯酸甲酯（PMMA）薄膜上刻写纳米网图形，以此测试 LEIT 技术的尺寸可伸缩性。图 2.7 为利用 EBL 技术在 PMMA 薄膜上生成沟槽图形的 AFM 图。本书第 5 章将详细介绍这种图形化工艺。

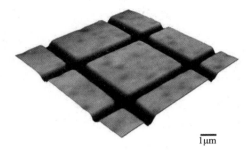

2.3.1.3　纳米线光刻技术

纳米线光刻（NWL）技术是一种相对较新的光刻方法，它通过化学方法生长排列纳米线，并以此作为蚀刻掩模，将纳米线一维形状转移到下面的基底上。在本书中，利用这项技术成功地在二氧化硅（SiO$_2$）薄膜上生成了纳米网，并以此为模板，利用 TEIT 技术制备纳米 EMTEs。本书第 5 章将详细介绍 NWL 研究方法和产物表征。

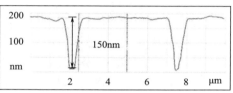

图 2.7　利用 EBL 技术在 PMMA 薄膜中生成纳米网

2.3.1.4　其他光刻方法

除了光刻、EBL 和 NWL 外，还可以采用其他光刻方法，如纳米压印光刻（NIL）、相移光刻、带电粒子束光刻、激光光刻、和扫描探针光刻等方法来获取大面积和高分辨率纳米 EMTEs，见表 2.1。

表 2.1　网模板图形化可用光刻方法

光刻技术	分辨率	生产量	掩模/模具	成本
正色调光刻	几微米	高	是	低
步进光刻	几百微米	中	是	高
电子束光刻	几十微米	低	否	高
纳米线光刻	几十微米	高	否	低
纳米压印光刻	几十微米	高	是	低
相移光刻	几十微米	高	是	高
粒子束光刻	几十微米	低	否	高
激光光刻	几十微米	高	否	高
扫描探针光刻	几十微米	低	否	高

2.3.2 金属沉积

金属沉积是制备 EMTEs 的一个关键步骤，这一步骤会影响金属网的形貌和最终性能。本书所述的新型制备方法利用了溶液金属沉积工艺，以此取代传统的真空金属沉积技术，因此更适用于高产出、大批量和低成本生产应用。在 EMTEs 制备过程中，金属沉积步骤主要采用了两种基于溶液方式的工艺，即电沉积技术和化学沉积技术。本节详细总结了这两种工艺。

2.3.2.1 电沉积技术

电沉积技术的发展已经有很长时间，关于何时何地何人开发了这种技术目前还没有统一定论。工作原理是利用电流来还原溶液中的金属阳离子，从而在阴极上形成一层均匀金属薄膜。这种技术优势突出，可选用多种材料，而且适合高产出和低成本生产。LEIT 和 TEIT 工艺均采用电沉积技术，通过在光刻生成的沟槽中沉积金属来制备微 EMTEs 和纳米 EMTEs，图 2.8 为产物的示意图和形貌表征图。在 TEIT 工艺的电沉积步骤中，可以通过在一定的时间内施加恒定的电流来达到所需的金属沉积厚度。

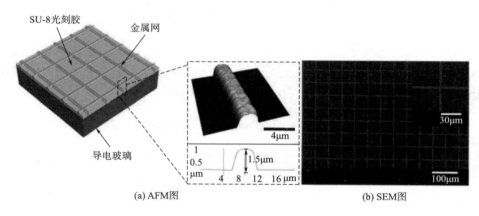

(a) AFM图   (b) SEM图

图 2.8　在 SU-8 模板沟槽内电沉积金属的示意图和形貌表征

2.3.2.2 化学沉积技术

化学沉积技术是一种经典的基于溶液方式的金属沉积方法，这种方法已经被使用了几个世纪。尽管这种技术的改进和优化相对缓慢，但在过去几十年里已经有了实质性和系统性的进展，并在许多行业得到了广泛应用。本工作也利用了化学沉积技术来制备 EMTEs，图 2.9 为通过该方法制备的铜金属网透明导体的 SEM 图。

2.3.3　金属网向柔性基底的转移

金属网的转移与嵌入是实现 EMTEs 的
关键步骤。基于柔性环烯烃共聚物（COC）
膜纳米压印光刻的研究成果，本工作开发
了将金属网以嵌入形式转移到柔性基底上
的压印转移工艺。这项技术以带有不同周
期网格的硅模具为模板，利用纳米压印光
刻技术对初始 COC 薄膜进行图形化。通过
对不同工艺参数下压印得到的 COC 网格形
貌进行表征，系统地研究了网格转移保真
度。COC 薄膜具有优异的热塑性，能够有

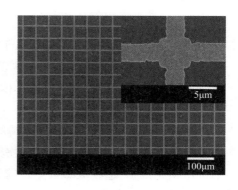

图 2.9　利用化学沉积法制备的
铜金属网的 SEM 图

效保证纳米图形转移保真度，因此可以将微网格从导电玻璃基底以嵌入形式热
压印转移到 COC 薄膜上，从而制备得到 EMTEs。此外，本工作还提出了紫外—
压印工艺，利用这种技术将纳米网转移到紫外光固化环氧树脂涂覆 COC 薄膜中。
本节概述了 COC 薄膜热压印转移工艺和紫外—压印转移工艺。

2.3.3.1　基于 COC 薄膜的热纳米压印光刻研究

纳米压印光刻（NIL）技术是一种很有发展前景的技术，可以用来制备高分
辨率纳米结构，突破了光刻工艺中光衍射或带电粒子束光刻工艺中光束散射的
局限性。这项技术能够在大面积刚性或柔性基底上生成高分辨率纳米结构，具有
低成本和高产量的独特优势，在柔性电子、光电子、微流体和光伏等诸多领域
得到了广泛应用。在这些新兴应用中，塑料材料因成本低、柔韧性好、透明度
高、质轻以及其他优良性能而被广泛用作器件的基底。众所周知，理想的塑料
薄膜基底应具有适中的机械强度、低表面能、宽光学透明度范围和优异的化学
稳定性，而且加工起来应该比较方便，其良好的柔韧性能够适应连续卷对卷制备
工艺。

很多聚合物材料可用作柔性电子器件的基底，包括但不限于聚对苯二甲酸乙
二醇酯（PET）、聚萘二甲酸乙二醇酯（PEN）、聚碳酸酯（PC）、聚酰亚胺（PI）、
聚醚酰亚胺（PEI）、聚醚砜（PES）、聚醚酮（PEK）、四氟乙烯（PTFE）、高密
度聚乙烯（HDPE）、乙烯—四氟乙烯（ETFE）、聚氨酯丙烯酸酯（PUA）、聚乙
烯醇（PVA）和聚氯乙烯（PVC）等。然而，这些材料中很少能同时拥有令人满
意的所有理想性能，因此目前仍需一种可替代柔性电子器件基底的理想聚合物
材料。

COC 是一种相对较新的塑料材料，近年来受到越来越多的关注。COC 材料

兼具诸多优异的特性，如低吸水率、在近紫外范围内具有良好的光学透明度、低表面能、高机械强度和高耐酸碱性能，因而成为光学器件和微流控器件应用的理想材料。COC 还拥有电子器件所需的其他优良属性，尤其是其优异的柔韧性适合应用于高柔性电子器件。同时，COC 具有相对较高的模量和较强的机械强度，能够高保真转移纳米尺度特征。

目前，研究者们已经在 COC 薄膜材料上实现了多种纳米结构制备方法，包括直接架构技术（如激光烧蚀和微铣削）和复制技术（如热压成型、注射成型和纳米压印光刻）。迄今大多数报道的复制方法是基于相对大尺寸结构（微米尺度范围）的制备，而且很多研究主要关注 COC 纳米结构在器件中的应用，或关注母模拓扑结构及其表面性质优化，以增强 COC 膜上复制的纳米结构形貌。目前，仍需要系统的实验来研究热纳米压印工艺参数对 COC 薄膜复制纳米尺度特征的影响。

为此，本工作研究了热纳米压印工艺，并利用这一工艺将纳米结构复制到 COC 薄膜内。实验利用不同大小网格结构（半节距低至 70nm）研究了纳米压印工艺参数对模腔填充度和图形转移保真度的影响。同时，利用原子力显微镜和扫描电镜对复制后网格的高度和形貌进行了表征，确定了图形转移保真度高和纳米压印时间短的最佳工艺参数。

用于制作 EMTEs 的 COC 薄膜（8007 品级和 6017 品级）产自日本宝理塑料株式会社（TOPAS Advanced Polymers）。所述薄膜采用挤出法制备，其主要性能见表 2.2。测试结果发现，蒸馏水在 COC 薄膜表面的接触角为 93°［图 2.10(a)］，在紫外和可见光波长范围内的光学透明度为 90% 左右［图 2.10（b）］，这证明了所用 COC 膜具有高疏水性，同时在整个近紫外和近红外波长范围内具有良好的透光率。

表 2.2　COC 薄膜的性质

性质	数值
薄膜厚度 /μm	100
玻璃化温度 /℃	78
线性热膨胀系数 /（K^{-1}）	7×10^{-5}
杨氏模量 /MPa	2600
23℃浸渍 24h 的吸水率 /%	< 0.01
水接触角 /（°）	93 ± 1.5

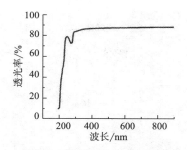

(a) 水接触角　　　　　(b) 在紫外和可见光波长范围内的光学透明度

图 2.10　COC 薄膜性质测试

　　利用热纳米压印工艺将硅母模上不同周期网格复制到 COC 薄膜上。实验采用一个自制的热纳米压印装置对 COC 薄膜进行纳米结构图形化。该装置由一台手动液压机、一套带温度控制器的电热板和一台水循环冷却机组成。在实验过程中，将 COC 薄膜放置在液压机下面平板的中心位置，再把一个带有网格图形的硅模具手动放置在 COC 薄膜上。然后将电热板加热到所需温度，同时施加一定的压印压力并保持 5min。待电热板冷却到 50℃脱模温度，将 COC 膜从硅模具上剥离。实验所用硅模具的网格图形周期分别为 420nm、280nm 和 140nm，深度分别为 125nm、120nm 和 70nm。所有网格的占空比均为 50%。所有实验中，硅模具均没有进行任何防粘层处理，这是因为压印 COC 膜的表面能低，加工后能够从模具上实现有效的分离。

　　图 2.11 ～图 2.13 为不同条件下热纳米压印工艺制备的 COC 膜。其中，图（a）为硅母膜图，图（b）为制备的 COC 膜，这些图像呈现的压印结果均为在优化的压印参数（即压印压力 $P = 6.2MPa$，压印温度 $T = 100℃$，保温时间 $t = 5min$）下所得。图 2.11 为周期为 420nm、线宽为 210nm 和深度为 125nm 的纳米网格，其中图 2.11（a）为硅模具上原始网格的 SEM 图和 AFM 图；图 2.11（b）为在 COC（8007）薄膜上复制网格的 SEM 图和 AFM 图。图 2.12 为周期为 280nm、线宽为 140nm 和深度为 120nm 的纳米网格，其中图 2.12（a）为硅模具上原始网格的 SEM 图和 AFM 图；图 2.12（b）为在 COC（8007）薄膜上复制网格的 SEM 图和 AFM 图。图 2.13 为周期为 140nm、线宽为 70nm、深度为 50nm 的纳米网格，其中图 2.13（a）为硅模具上原始网格的 SEM 图和 AFM 图；图 2.13（b）为在 COC（8007）薄膜上复制网格的 SEM 图和 AFM 图。每张 SEM 图均呈现了在两种不同放大倍数下的网格图像，而对应的 AFM 图则是网格的三维形貌和横截面高度图。从图中可以很清楚地看到，COC 膜完整地复制了硅母模上的纳米网格。

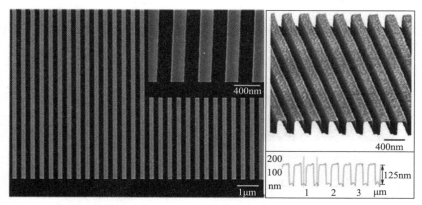

(a) 原始网格

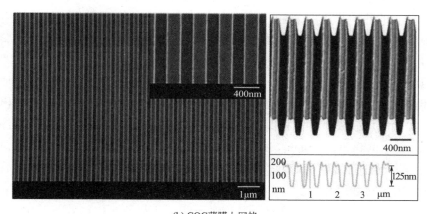

(b) COC薄膜上网格

图 2.11　周期为 420nm、线宽为 210nm、深度为 125nm 的纳米网格

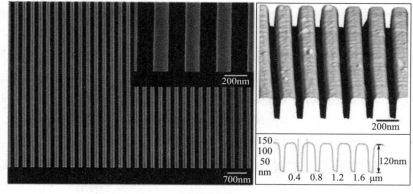

(a) 原始网格

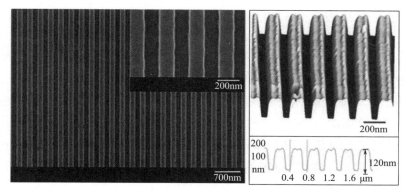

(b) COC薄膜上网格

图 2.12　周期为 280nm、线宽为 140nm、深度为 120nm 的纳米网格

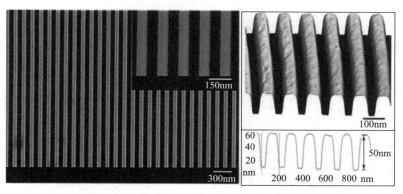

(a) 原始网格

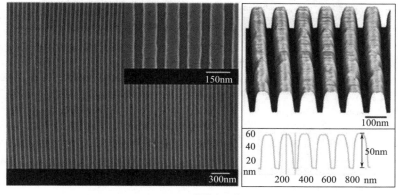

(b) COC薄膜上网格

图 2.13　周期为 140nm、线宽为 70nm、深度为 50nm 的纳米网格

19

除了上述成功的复制结果，本工作同时利用次优化压印参数，在每个网格模具上进行了一系列纳米压印实验，以便明确在所用 COC（8007）基底上进行热纳米压印的最佳操作区域，在这一区域可实现完美复制所需的最低压力和最低温度。同时，研究在热纳米压印过程中压印高度与压印参数的关系。在每组实验中，利用原子力显微镜对压印高度进行测量，并与硅模具上沟槽的深度进行比较。图 2.14（a）周期为 420nm，线宽为 210nm，深度为 90nm 的纳米网格；图 2.14（b）周期为 280nm、线宽为 140nm、深度为 20nm 的纳米网格；图 2.14（c）周期 140nm，线宽 70nm，深度 15nm 的纳米网格。

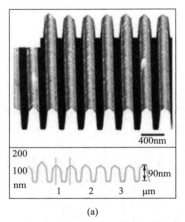

(a)

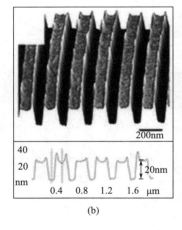

(b)

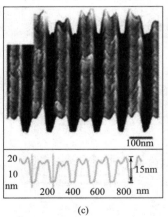

(c)

图 2.14　次优化压印参数得到的典型 COC 网格的 AFM 图

图 2.15 为不同工艺参数对图形保真度的影响。图 2.15（a）汇总了三种不同周期纳米网格的不完全复制和完全复制的压印参数。由图 2.15（a）可以看

到，在不考虑网格尺寸的情况下，在 COC（8007）基底上通过热 NIL 工艺来实现完美复制所需的最小压印压力为 3MPa，压印温度为 85℃。然而，从图 2.15（b）~（d）所示的定量数据可以清楚地发现，在相同的次优化压印参数下，每个网格模具复制的高度不同（所有网格模具的占空比为 1：1）。例如，在压印压力为 12.55MPa、压印温度为 80℃时，周期为 140nm、280nm 和 420nm 的网格的复制高度分别为 30nm、70nm 和 88nm。这些不完全复制的结果表明，与压印压力相比，压印温度对网格复制过程的影响更大。产生这种现象的原因是 COC 薄膜的黏弹性导致其模量在玻璃化温度附近突然变化。在远低于玻璃化温度之下，COC 处于玻璃化区域，杨氏模量很高，并且在很宽的温度范围内保持恒定。玻璃状 COC 膜呈现刚性，并以更具弹性的方式变形。然而，随着温度升高到玻璃化温度以上，热振动变得强烈，并足以克服 COC 分子链段旋转和平移势垒。

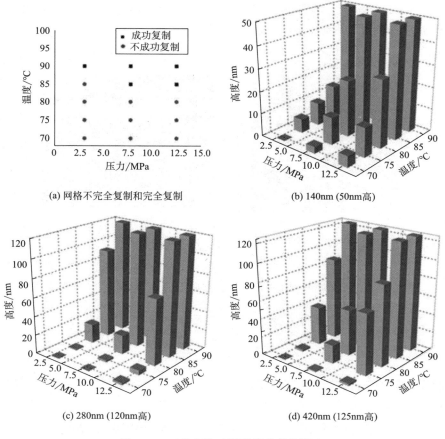

(a) 网格不完全复制和完全复制

(b) 140nm (50nm高)

(c) 280nm (120nm高)

(d) 420nm (125nm高)

图 2.15　工艺参数对图形保真度的影响

因此，在过渡区 COC 的模量降低了几个数量级，导致压印温度的影响比压印压力的影响更加明显。

当用作柔性电子器件的基底时，理想的 COC 膜应具有高模量，以降低弯曲时的降解。实验研究了具有纳米结构的 COC 薄膜的模量。利用原子力显微镜测量了 420nm 周期 COC 压印网格的弹性模量分布以及相应形貌，结果如图 2.16 所示。利用 Derjaguin Muller Toporov（DMT）模型和原子力显微镜上的峰值力定量纳米力学性能模块（Peak Force QNM）测试分析得到模量映射。在网格线中心和网格沟槽中心测得的 DMT 弹性模量范围为 5 ~ 9GPa，高于之前用作纳米压印模板的其他塑料材料。在网格线边缘处，由于网格侧壁的影响，AFM 测量无法提供可靠的模量值。值得注意的是，在网格线和沟槽中测得的 DMT 模量约为 2.7GPa，明显高于在无特征 COC 薄膜上测得的数值。模量的增大可能源自热纳米压印光刻过程，在该过程中，薄膜经历了高压缩应力，这反过来增加了分子密度和薄膜的模量。目前还需要进一步研究这种现象及其对纳米压印应用的影响。

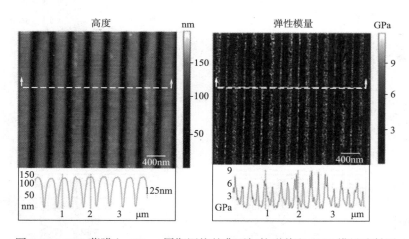

图 2.16　COC 薄膜上 420nm 周期网格的典型拓扑形貌和 DMT 模量映射图

2.3.3.2　金属网向柔性 COC 薄膜的热压印转移

在 COC 薄膜纳米图形转移保真度方面，热纳米压印光刻技术取得了很多优秀研究成果（如 2.3.3.1 所述）。基于这些研究成果开发了热压印转移方法，将金属网从刚性玻璃基底转移到这些薄膜上来制备柔性 EMTEs。在 LEIT 和 TEIT 制备技术中均使用这一方法来制备微 / 纳 EMTEs。

LEIT 和 TEIT 技术使用了一种自制装置将金属网转移到 100μm 厚 COC 薄膜

（8007 品级和 6017 品级）上。该装置由一台液压机、带温度控制器的电加热板和一台冷却机组成。在热压印转移过程中，将印版加热到所需的温度并施加压印压力。当冷却到脱模温度后，将 COC 薄膜从玻璃基底上剥离，将金属网完全嵌入 COC 薄膜中。图 2.17 为利用 TEIT 制备技术热压印转移金属网到 COC 薄膜上的工艺流程示意图，分三个步骤：将金属网加热并压入 COC 薄膜中；剥离 COC 膜，将金属网以部分嵌入形式转移至 COC 膜；第二次加热将金属网压入 COC 膜中。本书的第 3 ~ 第 5 章将进一步详细论述热压印转移金属网工艺。

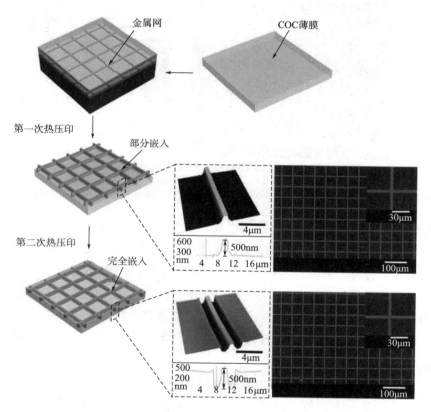

图 2.17　TEIT 制备工艺中的热压印转移流程图和产物的形貌表征

2.3.3.3　基于环氧树脂涂覆 COC 膜的紫外—纳米压印光刻研究

在 2.3.3.2 中介绍了在 COC 薄膜上成功制备纳米网格，以此作为模板，通过紫外—纳米压印光刻（UV—NIL）工艺可将纳米网格复制到紫外光固化环氧树脂中。在本研究中，使用紫外光固化环氧树脂（NOA-61）作为紫外纳米压印抗蚀剂，将周期为 140nm 的网格转移到 COC 表面的环氧树脂层中，图 2.18（a）和（b）

分别为产物的 SEM 图和 AFM 图。对 COC 模板进行了 10 次压印循环测试，通过研究环氧树脂上复制的网格形貌和所用模板的表面，没有发现明显的缺陷、表面劣化、污染、膨胀、变形和塌陷特征，这表明 COC 模板的机械强度相当高并持久耐用。即使经过多次压印循环后，环氧树脂上复制的网格形貌仍保持良好，进一步证明了纳米结构 COC 薄膜用作低成本二次 NIL 模板来转移尺寸小于 100nm 的结构的可行性。此外，这些柔性模板可包裹在压印辊上，用于卷对卷 UV–NIL 工艺。

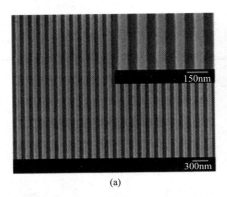
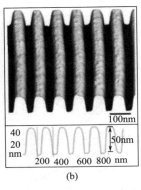

(a)　　　　　　　　　　(b)

图 2.18　利用 COC 二次模板在紫外光固化环氧树脂上压印周期为 140nm 的纳米网格

同时，利用 COC 二次模板还可以将金属纳米结构转移到非常小的基底上，即光纤表面。光纤可作为各种传感应用的独特平台，因为它具有微观截面及优异的光学和力学性能。然而，与常规大尺寸基底上的纳米图形化相比，在小的纤维面上制备集成纳米结构显得相当困难。所面临的挑战主要包括在小纤维面上涂覆薄膜抗蚀剂材料、处理大纵横比光纤的加工工具等。针对上述这些问题，人们提出了许多解决方法，例如双转移纳米压印技术和从平面基底转移预制的纳米结构。

由于 COC 模板具有低成本、低表面能和高柔韧性，因此可以作为将金属纳米结构转移到光纤表面的一种理想选择。使用 COC 作为金属结构的基底具有明显优势，因为它们之间的附着力通常很弱。另外，由于环氧树脂在金属转移过程中也与基底部分接触，因此 COC 与环氧树脂之间产生的弱附着力确保固化后的环氧树脂与基底很容易发生分离。图 2.19 为在 125μm 直径的光纤表面上成功制备的周期为 420nm 的金（Au）网格的 SEM 图和 AFM 图，其中金网格的线宽为 210nm，高度为 125nm。图 2.19（a）为不同放大倍数下的扫描电镜图，显示了光纤头和转移到其表面的网格图形，其中箭头指向表示光纤面位置；图 2.19（b）为这对应的 AFM 图，包括网格的三维形貌和横截面高度图。这些金属纳米结构可以用来实现入射光与局域表面等离激元的强光学耦合。随着金属结构的进一步设计和优化，极大地增强局部电场，因而这种金属纳米结构与光纤集成可以作为高性能传感器，用于表面增强光谱技术。

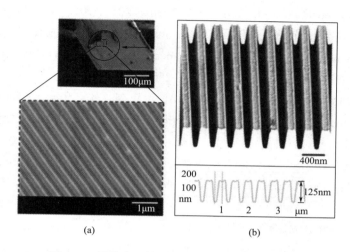

(a)　　　　　　　　　(b)

图 2.19　纤维表面转移的 420nm 周期金网格结构

2.3.3.4　基于环氧树脂涂覆 COC 膜的紫外—压印转移金属网

在环氧树脂 /COC 基底上，利用 UV—NIL 技术在纳米图形转移保真度方面取得了良好研究成果（如 2.3.3.3 所述）。基于相关研究进展建立了将金属网从电沉积模板转移到这些薄膜的紫外—压印转移方法，成功地将纳米网格转移到紫外光固化环氧树脂涂覆 COC 薄膜上，制备了纳米 EMTEs。在实际应用中，首先将紫外光固化环氧树脂滴注在电镀的硅模板上，然后将 COC 基底置于其上。利用紫外光对环氧树脂 /COC 基底进行固化，同时对模板和基底施加小的压力。待固化反应完成后，可以手工将环氧树脂 /COC 基底从硅模板上剥离，实现金属纳米网以嵌入形式的转移。本书的第 5 章将详细介绍实现金属网转移的紫外—压印工艺。

参考文献

［1］WU H，KONG D，RUAN Z，et al. A transparent electrode based on a metal nanotrough network［J］. Nat Nano，2013，8（6）：421–425.

［2］HAN B，PEI K，HUANG Y，et al. Uniform self–forming metallic network as a high- performance transparent conductive electrode ［J］. Adv Mater, 2014, 26 （6）: 873–877.

［3］ KIM H J, LEE S H, LEE J, et al. High–durable AgNi nanomesh film for a transparent conducting electrode ［J］. Small, 2014, 10（18）: 3767–3774.

［4］ BAO C, YANG J, GAO H, et al. In Situ fabrication of highly conductive metal nanowire networks with high transmittance from deep–ultraviolet to near–infrared ［J］. ACS Nano, 2015, 9（3）: 2502–2509.

［5］ OSCH T H J, PERELAER J, DE LAAT A W M, et al. Inkjet printing of narrow con–ductive tracks on untreated polymeric substrates［J］. Adv Mat, 2008, 20（2）: 343–345.

［6］ AHN B Y, DUOSS E B, MOTALA M J, et al. Omnidirectional printing of flexible, stretchable, and spanning silver microelectrodes ［J］. Sci, 2009, 323（5921）: 1590–1593.

［7］ KHAN A, RAHMAN K, HYUN M T, et al. Multi–nozzle electrohydrody–namic inkjet printing of silver colloidal solution for the fabrication of electrically functional microstructures ［J］. Appl Phys A, 2011, 104（4）: 1113–1120.

［8］ KHAN A, RAHMAN K, KIM D S, et al. Direct printing of copper conductive micro–tracks by multi–nozzle electrohydrodynamic inkjet printing process ［J］. J Mater Proc Technol, 2012, 212（3）: 700–706.

［9］ ELLMER K. Past achievements and future challenges in the development of optically transparent electrodes ［J］. Nat Photon, 2012, 6（12）: 809–817.

［10］ CHOI H J, CHOO S, JUNG P H, et al. Uniformly embedded silver nanomesh as highly bendable transparent conducting electrode ［J］. Nanotechnol, 2015, 26 （5）: 055305.

［11］ HIERLEMANN A, BRAND O, HAGLEITNER C, et al. Microfabrication techniques for chemical/biosensors［J］. Proceedings of the IEEE, 2003, 91（6）: 839–863.

［12］ BERGER S D, GIBSON J M, CAMARDA R M, et al. Projection electron–beam lithography : a new approach ［J］. J Vac Sci Technol B, 1991, 9（6）: 2996–2999.

［13］ WHANG D, JIN S, LIEBER C M. Nanolithography using hierarchically assembled nanowire masks ［J］. Nano Lett, 2003, 3（7）: 951–954.

［14］ COLLI A, FASOLI A, PISANA S, et al. Nanowire lithography on silicon ［J］.

Nano Lett, 2008, 8（5）: 1358–1362.

［15］CHOU S Y, KRAUSS P R, RENSTROM P J. Imprint of sub–25nm vias and trenches in polymers［J］. Appl Phys Lett, 1995, 67（21）: 3114–3116.

［16］MOON KYU K, JONG G O, JAE YONG L, et al. Continuous phase–shift lithography with a roll–type mask and application to transparent conductor fabrication［J］. Nanotechnology, 2012, 23（34）: 344008.

［17］MANFRINATO V R, ZHANG L, SU D, et al. Resolution limits of electron–beam lithography toward the atomic scale［J］. Nano Lett, 2013, 13（4）: 1555–1558.

［18］YU F, LI P, SHEN H, et al. Laser interference lithography as a new and efficient technique for micropatterning of biopolymer surface［J］. Biomaterials, 2005, 26（15）: 2307–2312.

［19］GARCIA R, KNOLL A W, RIEDO E. Advanced scanning probe lithography［J］. Nat Nano, 2014, 9（8）: 577–587.

［20］SCHWARZACHER W. Electrodeposition : A technology for the future［J］. Electrochem Soc Interface, 2006, 15（1）: 32–33.

［21］DJOKICS S, CAVALLOTTI P L. Electroless Deposition: Theory and Applications. In : Djokic SS（eds）In electrodeposition : theory and practice［M］. // Electrodeposition. New York : Springer, 2010: 251–289.

［22］KHAN A, LI S, TANG X, et al. Nanostructure transfer using cyclic olefin copolymer templates fabricated by thermal nanoimprint lithography［J］. J Vac Sci Technol B, 2014, 32（6）: 06FI02–1–06FI02–8.

［23］MC ALPINE M C, FRIEDMAN R S, LIEBER C M. Nanoimprint lithography for hybrid plastic electronics［J］. Nano Lett, 2003, 3（4）: 443–445.

［24］LI W D, DING F, HU J, et al. Three–dimensional cavity nanoantenna coupled plasmonic nanodots for ultrahigh and uniform surface–enhanced Raman scattering over large area［J］. Opt Express, 2011, 19（5）: 3925–3936.

［25］GUO L J, CHENG X, CHOU C F. Fabrication of size–controllable nanofluidic channels by nanoimprinting and its application for DNA stretching［J］. Nano Lett, 2003, 4（1）: 69–71.

［26］CHEYNS D, VASSEUR K, ROLIN C, et al. Nanoimprinted semi– conducting polymer films with 50nm features and their application to organic heterojunction solar cells［J］. Nanotechnol, 2008, 19（42）: 424016.

［27］AHN S H，GUO L J. High-speed roll-to-roll nanoimprint lithography on flexible plastic substrates ［J］. Adv Mater，2008，20：2044.

［28］SøNDERGAARD R，HöSEL M，ANGMO D，et al. Roll-to-roll fab- rication of polymer solar cells ［J］. Mat Today，2012，15（1）：36-49.

［29］YU S，HAN H J，KIM J M，et al. Area-selective lift-off mechanism based on dual-triggered interfacial adhesion switching：highly facile fabrication of flexible nanomesh electrode ［J］. ACS Nano，2017，11（4）：3506-3516.

［30］FONRODONA M，ESCARRé J，VILLAR F，et al. PEN as substrate for new solar cell technologies ［J］. Sol Energy Mater Sol Cells，2005，89（1）：37-47.

［31］FATEH R，ISMAIL A A，DILLERT R，et al. Highly active crystalline mesoporous TiO$_2$ films coated onto polycarbonate substrates for self-cleaning applications ［J］. J Phys Chem C，2011，115（21）：10405-10411.

［32］GAO X，LIN L，LIU Y，et al. LTPS TFT process on polyimide substrate for flexible AMOLED ［J］. J Disp Technol，2015，11（8）：666-669.

［33］OK K-H，KIM J，PARK S R, et al. Ultra-thin and smooth transparent electrode for flexible and leakage-free organic light-emitting diodes ［J］. Scientific reports，2015，5：9464.

［34］QIN F，TONG J，GE R，et al. Indium tin oxide（ITO）-free，top-illuminated，flexible perovskite solar cells ［J］. J Mater Chem A，2016，4（36）：14017-14024.

［35］WANG Y，CHEN B，EVANS K E，et al. Novel fibre-like crystals in thin films of Poly Ether Ether Ketone（PEEK）［J］. Mater Lett，2016，184：112-118.

［36］WITTMANN J C，SMITH P. Highly oriented thin films of poly（tetrafluoroethylene）as a substrate for oriented growth of materials ［J］. Nature，1991，352（6334）：414-417.

［37］ZHENG Q，PENG M，YI X. Crystallization of high density polyethylene：effect of contact with NdFeB magnetic powder substrates ［J］. Mat Lett，1999，40（2）：91-95.

［38］AHN S H，GUO L J. Large-area roll-to-roll and roll-to-plate nanoimprint lithography：a step toward high-throughput application of continuous nanoimprinting ［J］. ACS Nano，2009，3（8）：2304-2310.

［39］SEO S M，KIM T I，LEE H H. Simple fabrication of nanostructure by continuous rigiflex imprinting ［J］. Microelectron Eng，2007，84（4）：567-572.

[40] SCHAPER C D. Patterned transfer of metallic thin film nanostructures by water-soluble polymer templates [J]. Nano Lett, 2003, 3 (9): 1305-1309.

[41] HONG S H, HWANG J Y, LEE H, et al. UV nanoimprint using flexible polymer template and substrate [J]. Microelectron Eng, 2009, 86 (3): 295-298.

[42] LEE H, HONG S, YANG K, et al. Fabrication of 100nm metal lines on flexible plastic substrate using ultraviolet curing nanoimprint lithography [J]. Appl Phys Lett, 2006, 88: 143112.

[43] OKAGBARE P I, EMORY J M, DATTA P, et al. Fabrication of a cyclic olefin copolymer planar waveguide embedded in a multi-channel poly (methyl methacrylate) fluidic chip for evanescence excitation [J]. Lab Chip, 2010, 10 (1): 66-73.

[44] NUNES P S, OHLSSON P D, ORDEIG O, et al. Cyclic olefin polymers : emerging materials for lab-on-a-chip applications [J]. Microfluid Nanofluidics, 2010, 9 (2): 145-161.

[45] BUNDGAARD F, PEROZZIELLO G, GESCHKE O. Rapid prototyping tools and methods for all-Topas® cyclic olefin copolymer fluidic microsystems [J]. P I Mech Eng C-J Mech, 2006, 220 (11): 1625-1632.

[46] STEIGERT J, HAEBERLE S, BRENNER T, et al. Rapid prototyping of microfluidic chips in COC [J]. J Micromech Microeng, 2007, 17 (2): 333.

[47] LEECH P. Hot embossing of cyclic olefin copolymers [J]. J Micromech Microeng, 2009, 19 (5): 055008.

[48] KALIMA V, PIETARINEN J, SIITONEN S, et al. Transparent thermoplastics : replication of diffractive optical elements using micro-injection molding. Opt Mater, 2007, 30 (2): 285.

[49] MALIC L, CUI B, TABRIZIAN M, et al. Nanoimprinted plastic substrates for enhanced surface plasmon resonance imaging detection [J]. Opt Express, 2009, 17 (22): 20386.

[50] VANNAHME C, KLINKHAMMER S, CHRISTIANSEN M B, et al. All-polymer organic semiconductor laser chips : parallel fabrication and encapsulation [J]. Opt Express, 2010, 18 (24): 24881.

[51] MATSCHUK M, LARSEN N B. Injection molding of high aspect ratio sub-100nm nanostruc- tures [J]. J Micromech Microeng, 2013, 23 (7): 025003.

[52] PAKKANEN T T, HIETALA J, PääkköNEN E J, et al. Replication of sub-

micron features using amorphous thermoplastics [J]. Polym Eng Sci, 2002, 42 (7): 1600.

[53] GADEGAARD N, MOSLER S, LARSEN N B. Biomimetic polymer nanostructures by injection molding [J]. Macromol Mater Eng, 2003, 288 (1): 76.

[54] SHAW M T, MACKNIGHT W J, AKLONIS J. Introduction to polymer viscoelasticity [M]. 3rd ed. New Jersey: John Wiley & Son, 2005.

[55] JENA R, CHEN X, YUE C, et al. Rheological (visco-elastic behaviour) analysis of cyclic olefin copolymers with application to hot embossing for microfabrication [J]. J Micromech Microeng, 2011, 21: 085029.

[56] DERJAGUIN B V, MULLER V M, TOPOROV Y P. Effect of contact deformations on the adhesion of particles [J]. J Colloid Interf Sci, 1975, 53: 314.

[57] WOO Y S, KIM J K, LEE D E, et al. Density variation of nanoscale patterns in thermal nanoimprint lithography [J]. Appl Phys Lett, 2007, 91: 253111.

[58] KOSTOVSKI G, STODDART P R, MITCHELL A. The optical fiber tip: an inherently light-coupled microscopic platform for micro-and nanotechnologies[J]. Adv Mater, 2014, 26 (23): 3798.

[59] SHEN Y, YAO L, LI Z, et al. Double transfer UV-curing nanoimprint lithography [J]. Nanotechnology, 2013, 24 (46): 465304.

[60] SCHEERLINCK S, DUBRUEL P, BIENSTMAN P, et al. Metal grating patterning on fiber facets by UV-based nano imprint and transfer lithography using optical alignment [J]. J Lightwave Technol, 2009, 27 (10): 1415.

[61] YANG X, ILERI N, LARSON C C, et al. Nanopillar array on a fiber facet for highly sensitive surface-enhanced Raman scattering [J]. Opt Express, 2012, 20 (22): 24819.

第 3 章 LEIT 技术制备微嵌入式金属网透明电极

本章详细介绍了 LEIT 技术制备微 EMTEs。LEIT 制备方法采用了电沉积技术，以此替代真空金属沉积工艺，更适合于高产量、大批量和低成本的生产。这种方法可以用于制备柔性甚至可拉伸的器件。在柔性 COC 薄膜上制备的铜（Cu）微 EMTEs 原型具有优异的导电性和透光性，其品质因子（FoM，σ_{dc}/σ_{opt}）可高达 1.5×10^4。研究结果表明，这种工艺适合制备较大面积的 EMTEs，而且可选用材料的范围更加广泛。上述方法所制备的微金属网透明电极具备嵌入式特点。因而呈现出优异的力学性能、化学性能和环境稳定性。

3.1 LEIT 技术简介

本章介绍了一种经济高效的基于溶液方式的 EMTEs 制备方案，该技术结合了光刻、电镀和压印转移技术。这种 LEIT 制备方法用电沉积技术替代了真空金属沉积工艺，适合于高产量、大批量和低成本的生产。特别是这种技术能够制备高厚宽比（厚度与线宽之比）的金属网，可以在不显著牺牲透明度的情况下大幅度提高导电性。

LEIT 制备工艺如图 3.1 所示。其中一个典型的制备过程是：首先在干净的导电玻璃基底上旋涂光刻胶层［图 3.1（a）］，然后进行光刻，通过紫外线曝光和显影在光刻胶中生成网格图形［图 3.1（b）］，并露出网格沟槽中的导电玻璃表面。在随后的电沉积步骤中［图 3.1（c）］，将所选用的金属沉积在光刻生成的沟槽内，形成均匀的金属网。随后将光刻胶小心地溶解在溶剂中，从而在导电玻璃表面留下裸露的金属网［图 3.1（d）］。然后将热塑性薄膜放在金属网上，并加热到其玻璃化温度以上，均匀地施加压力将金属网压印到软化的塑料薄膜中［图 3.1（e）］。冷却后将塑料薄膜与导电玻璃进行分离，成功地将金属网转移并嵌入塑料薄膜中［图 3.1（f）］。整个制备过程基于溶液方式，并且是在大气环境中进行的，没有经过任何真空处理，便于进行大批量生产。

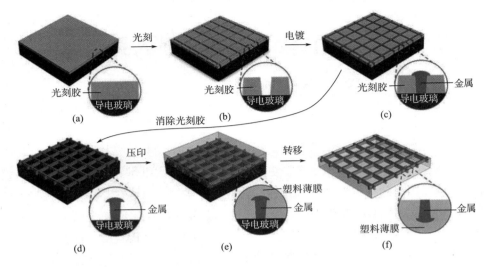

图 3.1　LEIT 制备工艺示意图

3.2　实验部分

3.2.1　LEIT 技术制备柔性微 EMTEs

在实验过程中，先用棉签和液体洗涤剂清洁 FTO 玻璃基底（约 $15\Omega/m^2$，中国 South China Xiang S&T 公司），另取棉签和去离子水彻底冲洗玻璃基底。将玻璃基底在异丙醇和去离子水中超声处理 30s 进一步清洗，再用压缩空气进行干燥。将 AZ 1500 光刻胶（瑞士 Clariant 公司）以 4000r/min 的速度在干净的 FTO 玻璃基底上旋涂 60s，形成 $1.8\mu m$ 厚的薄膜，在加热板上 100℃ 烘焙 50s。使用 URE-2000/35 型紫外掩模对准器（中国科学院）对光刻胶进行曝光处理，曝光剂量为 $20mJ/cm^2$。然后将光刻胶在 AZ 300MIF 显影剂（瑞士 Clariant 公司）中显影处理 50s。最后将样品在去离子水中漂洗并用压缩空气吹干。

在随后的电沉积工艺中采用了含铜（Cu）、银（Ag）、金（Au）、镍（Ni）和锌（Zn）的商业电镀水溶液（美国 Caswell 公司）。利用 Keithley 2400 型源表向双电极电沉积装置提供恒定的 5mA 电流，该装置以涂覆光刻胶的 FTO 玻璃为工作电极，金属棒为对电极。通过改变电沉积时间来控制金属沉积的厚度。电沉积完成后，用去离子水彻底冲洗样品，并用压缩空气吹干，然后置于丙酮中浸渍 5min 以去除光刻胶，从而在 FTO 玻璃基底上留下裸露的金属网。

利用一台自制设备通过热压印技术将金属网转移到 100μm 厚的 COC 膜（8007 品级）上。该设备由一台液压机（英国 Specac 有限公司）、一套带有温度控制器的电热压板（英国 Specac 有限公司）和一台冷却机（英国 Grant Instruments 公司）组成。在热压印过程中，将压板加热到 100℃，施加 15MPa 的压印压力并保持 5min。将热压板冷却至 40℃脱模，然后将 COC 膜从 FTO 玻璃上剥离，从而将金属网完全嵌入 COC 膜中。

3.2.2　微 EMTEs 形貌和性能表征

利用 S-3400N 型扫描电镜（SEM，日本日立公司）和 Multimode-8 型原子力显微镜（AFM，美国布鲁克公司）对样品的表面形貌进行表征。为了减少接触电阻的影响，使用四探针法测量 EMTEs 样品的薄层电阻。在测量过程中，将四个探针放置在方形样品的两个边缘上，边缘用银糊涂覆，采用 Keithley 2400 型源表（美国 Keithley 公司）来记录电阻数据。使用 Lambda 25 型紫外—可见光谱仪（美国 Perkin Elmer 公司）来记录光透射光谱。本书中提到的所有透光率值均为基于空白 COC 膜基底归一化后的绝对透光率。利用 S-3400N 型扫描电子显微镜对样品进行能量色散 X 射线光谱（EDS）分析。

3.3　实验结果

3.3.1　LEIT 技术制备微 EMTEs 的形貌表征

在 COC 膜上利用 LEIT 工艺制备了铜网基 EMTE，金属铜的电阻率低且自然丰度高，因而在透明导体（TCs）中使用铜网具有显著优势。如第 2 章　2.3 节所述，COC 由于具有多种独特的优异性能而被选作基底材料。此外，COC 在近紫外光区依然表现出特别良好的光学透明度（图 3.2），非常适合用于光伏领域。

图 3.3 中的 SEM 和 AFM 图显示了微 EMTE 在不同制备阶段的形貌特征。图 3.3（a）为使用光刻技术［制

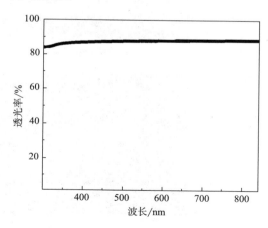

图 3.2　空白 COC 薄膜在紫外和可见光波长范围内的光学透明度

备阶段如图 3.1（b）所示］在光刻胶膜中形成的沟槽的 SEM 和 AFM 图。在该样品上，光刻胶沟槽具有 50μm 的间距，其沟槽宽度和深度分别约为 4μm 和 2μm。图 3.3（b）显示了在 FTO 玻璃上的电镀铜网［制备阶段如图 3.1（d）所示］。该铜网是用 5mA 电流沉积得到的，尺寸为 2cm×2cm。从图 3.3 中可以明显看到，铜网的线宽和厚度分别约为 4μm 和 1.8μm。图 3.3（c）显示铜网成功转移到 COC 薄膜上［制备阶段如图 3.1（f）所示］。AFM 表征结果表明，网厚度为 1.8μm 的 EMTE 的表面粗糙度小于 50μm，证明了其为完全嵌入式结构。

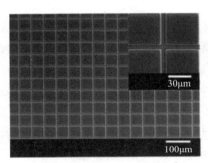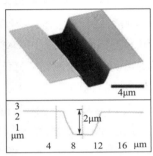

(a) 在光刻胶中显影

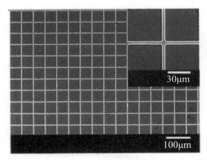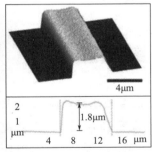

(b) 去除光刻胶后在FTO玻璃基底上的铜网

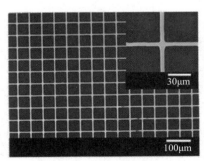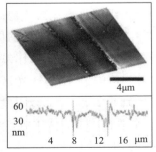

(c) 转移并完全嵌入COC薄膜中的铜网

图 3.3　在 LEIT 制备工艺的不同阶段，对 50μm 节距铜微 EMTE 进行形貌表征

　　保持电沉积电流（5mA）和基底大小（2cm×2cm）不变，通过改变电沉积时间制备不同厚度的铜微 EMTEs 进一步研究制备工艺。金属厚度和电沉积时间的关系如图 3.4 所示，由图 3.4 可知，金属厚度随电沉积时间延长呈现非线性增加趋势。这是因为沟槽的横截面不是完美的矩形［图 3.3（a）］，而是底部较窄。因此，在恒电流电沉积过程中，金属沉积厚度的增加速率（即图 3.4 中曲线的斜率）随着时间的延长而降低。因此，电沉积金属网在顶部具有较大的宽度，这有助于压印转移时将金属网机械地锚定在基底中。如电沉积时间足够长，沟槽外的金属镀层导致金属厚度的增加速度减慢，同时进一步增大镀层帽的横向尺寸，如图 3.4 所示的两个样品（电沉积时间分别为 15min 和 18min）。这些样品的详细结构表征如图 3.5 所示。去除光刻胶模板后，通过热压印将这些金属网转移到 COC 薄膜上。然而，通过研究发现，仅厚度大于 600nm 的网格才可能得到成功转移。薄金属网转移失败，这是由于施加在侧壁上的 COC 膜俘获力，包括界面摩擦和机械互锁无法抵消金属和 FTO 玻璃之间的附着力。因此，金属—FTO 界面和金属—COC 界面的附着力以及金属网的几何形状对于成功制备 EMTEs 是至关重要的。

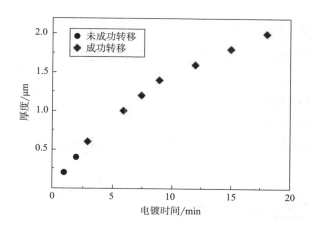

图 3.4　金属网厚度与电沉积时间的关系图

3.3.2　LEIT 技术制备微 EMTEs 的性能表征

　　利用 LEIT 工艺可以很容易地控制和改变金属网的厚度，同时不会显著改变金属网的横向尺寸，这提供了一种在不牺牲透光率的前提下提高 EMTEs 电导率的可行方法。图 3.6 是厚度分别为 600nm、1μm 和 2μm 的典型铜微 EMTEs 在 300 ~ 850nm 波长范围内的透光率。当金属网厚度从 600nm 增加到 2μm 时，在

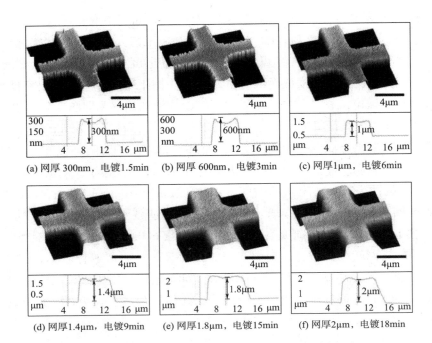

(a) 网厚300nm，电镀1.5min   (b) 网厚600nm，电镀3min   (c) 网厚1μm，电镀6min

(d) 网厚1.4μm，电镀9min   (e) 网厚1.8μm，电镀15min   (f) 网厚2μm，电镀18min

图 3.5   以 5mA 恒定沉积电流在 FTO 玻璃基底（2cm × 2cm）上电镀铜网（$p = 50$μm）的 AFM 图

所测光谱范围内，透光率只有轻微的降低，这是由于光刻胶沟槽的非矩形形状和金属过镀造成的。此外，不同入射角下的归一化透光率测量结果表明，与法线方向呈 60° 范围内的角度依赖性可以忽略不计，如图 3.7 所示。

另外，EMTEs 的薄层电阻随金属网厚度的增加而显著降低，如图 3.8（a）所示。厚度为 2μm 的铜微 EMTE 具有 0.07Ω/m² 的极低薄层电阻，并且在 550nm 波

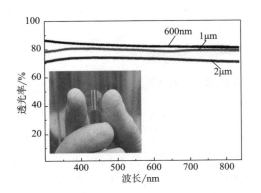

图 3.6   铜微 EMTEs 的紫外—可见光谱

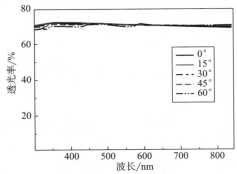

图 3.7   典型微 EMTE 样品在不同入射角下的总透射光谱

长下的透光率仍高于 70%。为了进一步了解金属网厚度对 EMTEs 整体性能的影响，利用如下公式计算了全部微 EMTEs 的品质因子（FoM），即电导率与光导率之比（σ_{dc}/σ_{opt}）：

$$\text{FoM} = \frac{\sigma_{dc}}{\sigma_{opt}} = \frac{188.5}{R_s \left(\dfrac{1}{\sqrt{T}} - 1 \right)} \quad\quad (3.1)$$

式中，T 为在 550nm 波长下的光学透过率；R_s 为薄层电阻。

计算结果如图 3.8（a）中插图。相关数据表明，金属网厚度对薄层电阻有相当大的影响，因此可在不显著牺牲透光率的情况下，通过提高金属网厚度来提高导电性，从而提升 FoM 值。实验制备的微 EMTEs 的 FoM 值大于 1.5×10^4。图 3.8

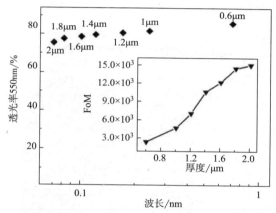

(a) 不同网格厚度下透光率与薄层电阻的关系，其中插图为计算得到的 FoM 值

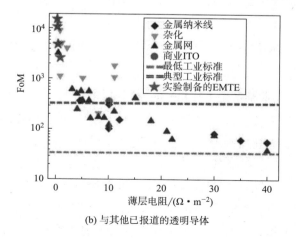

(b) 与其他已报道的透明导体

图 3.8　节距为 50μm 的铜微 EMTEs 原型的性能表征

（b）为实验制备的微 EMTEs 的 FoM 与近期报道的其他透明电极（金属纳米线、金属网和杂化透明导体）数据的对比结果。以上数据清楚地表明，与现有的大多数金属网、金属纳米线和杂化透明导体相比，实验制备的微 EMTEs 具有优越的整体性能。

在保持线宽不变的情况下，增加 EMTE 的间隙尺寸可以提高透光率。图 3.9 显示了在 5cm × 5cm 大小的 COC 基底上高透明铜微 EMTE 的紫外—可见光谱和薄层电阻，其中基底节距为 150μm，线宽和金属网厚度分别为 4μm 和 1μm。由于节距比较大，该样品呈现出高光学透光率（94%）和低薄层电阻（$0.93\Omega/m^2$），而之前具有 50μm 节距的铜微 EMTE 样品的透光率仅为 78%，薄层电阻为 $0.24\Omega/m^2$。类似地，通过优化金属网的几何参数，可以得到多种光学透明度和薄层电阻的组合，从而满足各种应用。

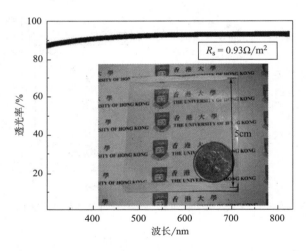

图 3.9　高度透明铜微 EMTE 的紫外—可见光谱和薄层电阻（插图为最终结构的光学照片）

3.3.3　LEIT 技术制备微 EMTEs 的材料多样性

与随机无序纳米线基透明导体相比，LEIT 技术制备透明电极的另一个关键优势是材料的选择范围非常广泛。为了证明该制备工艺可用材料的多样性，该研究在 COC 薄膜上分别制备了银（Ag）、金（Au）、镍（Ni）和锌（Zn）的微 EMTEs。图 3.10 为上述微 EMTEs 的紫外—可见透射光谱和薄层电阻。在整个可见光区域范围内，透射光谱几乎呈水平直线，没有明显特征，这种透光性有利于显示设备和太阳能电池应用。银网、镍网和锌网基 EMTEs 的金属厚度相近，因此这三种样品的透光率几乎相同（在 550nm 波长下约为 78%），而薄层电阻分别为 0.52Ω/m²、1.40Ω/m² 和 1.02Ω/m²。由于金属网厚度不同，铜网和金网的微 EMTEs（厚度分别约为 600μm 和 2μm）的透光率分别为 82% 和 72%，薄层电阻分别为 0.70Ω/m² 和 0.20Ω/m²。所有 EMTEs 的薄层电阻值与对应金属的电阻率值一致，见表 3.1。为了便于比较，表中列出了每种金属的电阻率。微 EMTEs 薄层电阻的差异可归因于电阻率（材料性质）的差异和金属厚度。这些微 EMTEs 原型的成功制备验证了材料选择的灵活性，可满足不同器件对电极工作功能和化学稳定性的各种要求。

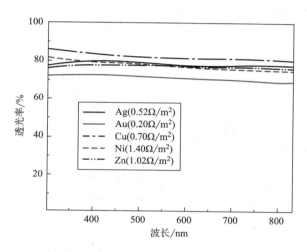

图 3.10　利用不同金属材料制备的柔性微 EMTEs 的紫外—可见光谱和薄层电阻

表 3.1　不同金属微 EMTEs（$p = 50\mu m$）的性能表征

材料	25℃时电阻率 /（Ω·m）	网厚 /μm	薄层电阻 /（Ω·m⁻²）	550nm 波长下的透光率 /%
铜	1.68×10^{-8}	0.65	0.70	81.84
银	1.59×10^{-8}	0.85	0.52	78.93
镍	6.99×10^{-8}	1.20	1.40	77.78
金	2.44×10^{-8}	1.90	0.20	71.65
锌	5.90×10^{-8}	1.15	1.02	78.04

3.3.4　LEIT 技术制备微 EMTEs 的力学稳定性

除了增强 EMTE 的电学和光学性能外，金属网的嵌入特征大大提高了与基底的附着力，并增强了其在弯曲、加热和化学侵蚀下的稳定性。图 3.11 为在循环拉伸和压缩弯曲应力作用下铜微 EMTEs 的机械稳定性测试结果。图 3.11（a）显示了在弯曲半径分别为 5mm、4mm 和 3mm 时，薄层电阻随重复压缩弯曲循环次数的变化。测试结果表明，在弯曲半径为 5mm 和 4mm 下循环压缩弯曲 1000 次后，薄层电阻（$0.07\Omega/m^2$）没有发生明显变化，而对于 3mm 弯曲半径，薄层电阻在其初始值的 100% 以内进行变化（从 $0.07\Omega/m^2$ 到 $0.13\Omega/m^2$）。铜网这种显著的稳定性可归因于其嵌入式结构特点。同样地，对于拉伸载荷测试，薄层电阻随重复弯曲循环次数的变化如图 3.11（b）所示。由图可见，对于 5mm、4mm 和 3mm 的弯曲半径，反复弯曲 1000 次后，薄层电阻变化分别约 30%（从 $0.1\Omega/m^2$ 到 $0.13\Omega/m^2$）、150%（从 $0.1\Omega/m^2$ 到 $0.25\Omega/m^2$）和 350%（从 $0.1\Omega/m^2$ 到 $0.45\Omega/m^2$）。

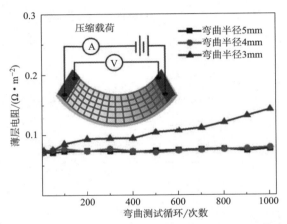

(a) 不同弯曲半径时薄层电阻随重复(压缩载荷)循环次数的变化曲线图

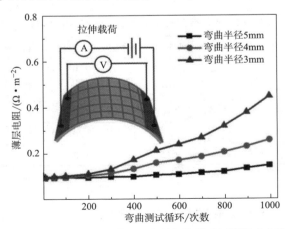

(b) 不同弯曲半径时薄层电阻随重复(拉伸载荷)循环次数的变化曲线图

图 3.11　节距为 50μm 的柔性铜微 EMTEs 的机械稳定性

上述薄层电阻的显著增大可能是因为金属网在高拉伸应力下发生开裂造成的。图 3.12 表明重复循环 1000 次后弯曲半径为 3mm 的铜微 EMTE 中出现裂纹。这表明金属网在拉伸应力下比在压缩应力下更容易受到破坏。因此有必要进一步研究金属网在各种弯曲载荷下的失效机制及其对 EMTEs 及其衍生器件性能的影响。同时，通过重复胶带测试进一步证实了微 EMTEs 的机械稳定性。利用带有丙烯酸黏合剂的胶带进行实验，在每 10 次剥离后测量典型铜微 EMTE 的薄层电阻，发现 100 次循环后薄层电阻没有明显变化（图 3.13），证明金属网具有强附着力，这归因于嵌入式金属网在基底中的机械锚定。

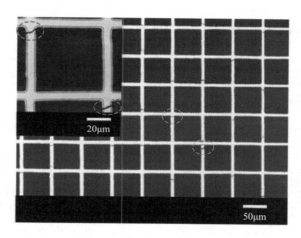

图 3.12　循环 1000 次后铜微 EMTE 的 SEM 图

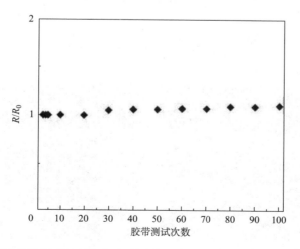

图 3.13　用胶带进行反复剥离实验，铜微 EMTE 的薄层电阻随测试次数的变化

3.3.5 LEIT 技术制备微 EMTEs 的环境稳定性

将所制备的铜微 EMTEs 浸泡在去离子水和异丙醇（IPA）中，并将其暴露在高湿度和高温条件下（温度为 60℃，相对湿度为 85%）来评估它们的环境稳定性。图 3.14 是节距为 50μm 的柔性铜微 EMTEs 在化学和环境稳定性实验中的薄层电阻变化，其中插图为测试后样品的 SEM 图。从图 3.14 中可以看到，经过 24h 后，微 EMTEs 的薄层电阻和形貌结构均没有发生明显变化。通过对所制备铜微 EMTEs（图 3.15）和处理后铜微 EMTEs（图 3.16 ~ 图 3.18）进行 EDS 分析，进一步证实铜微 EMTEs 具有优异的稳定性。在这些测试中，EMTEs 表现出优异的环境稳定性，这是因为其嵌入式结构和 COC 薄膜的良好化学稳定性，COC 薄膜可以很好地隔离和保护金属网。

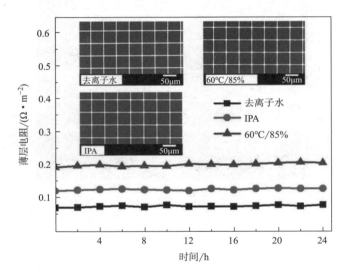

图 3.14　铜微 EMTEs 的薄层电阻变化

(a) SEM图

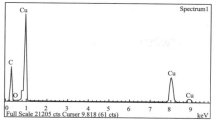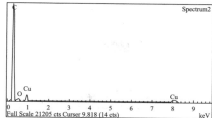

(b) 相应选区的EDS

元素	App (Conc.)	强度	质量分数/%	质量分数/%	原子占比/%
C	133.51	0.5190	52.99	0.25	84.93
O	2.43	0.5434	0.97	0.11	1.11
Cu	187.21	0.8368	46.09	0.25	13.96
总计			100.00		

元素	App (Conc.)	强度	质量分数/%	质量分数/%	原子占比/%
C	440.08	1.5036	88.38	0.32	93.98
O	6.79	0.3327	6.17	0.31	4.92
Cu	13.35	0.7385	5.46	0.12	1.10
总计			100.00		

(c) 相应选区的元素定量分析

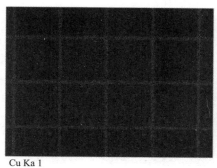

Cu Ka 1　　　　　　　　　　　　　Cu Ka 1_2

(d) 元素映射图

图 3.15　在化学稳定性测试之前，所制备典型铜微 EMTE 样品在铜网处（左）和 COC 薄膜处（右）进行 SEM—EDS 分析

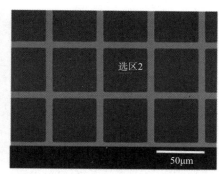

(a) SEM图

图 3.16

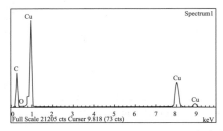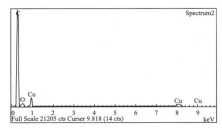

(b) 相应选区的EDS

元素	App (Conc.)	强度	质量分数/%	质量分数/%	原子占比/%
C	109.16	0.4893	49.21	0.27	83.01
O	2.19	0.5718	0.85	0.11	1.07
Cu	191.78	0.8471	49.94	0.27	15.92
总计			100.00		

元素	App (Conc.)	强度	质量分数/%	质量分数/%	原子占比/%
C	431.19	1.3897	86.78	0.29	93.70
O	7.23	0.3406	5.94	0.29	4.81
Cu	19.35	0.7429	7.28	0.13	1.49
总计			100.00		

(c) 相应选区的元素定量分析

Cu Ka 1   Cu Ka 1_2

(d) 元素映射图

图 3.16　在 IPA 中浸渍 24h 后，制备的典型铜微 EMTE 样品在铜网（左）和 COC 膜（右）处进行 SEM—EDS 分析

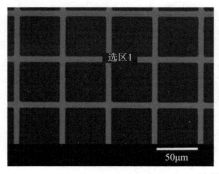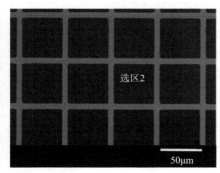

(a) SEM图

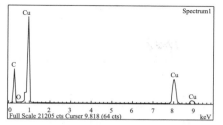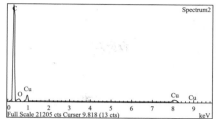

(b) 相应选区的EDS

元素	App (Conc.)	强度	质量分数/%	质量分数/%	原子占比/%
C	114.23	0.4941	49.79	0.26	83.25
O	2.48	0.5674	0.94	0.11	1.18
Cu	193.37	0.8453	49.27	0.26	15.57
总计			100.00		

元素	App (Conc.)	强度	质量分数/%	质量分数/%	原子占比/%
C	430.91	1.3836	86.58	0.29	93.57
O	7.46	0.3415	6.07	0.28	4.93
Cu	19.66	0.7431	7.35	0.13	1.50
总计			100.00		

(c) 相应选区的元素定量分析

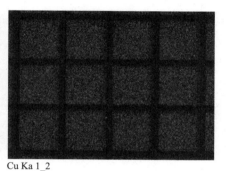

Cu Ka 1　　　　　　　　　　　　　　　Cu Ka 1_2

(d) 元素映射图

图 3.17　在高湿度（85% 相对湿度）和高温条件（60℃）下暴露 24h 后，所制备的典型铜微 EMTE 样品在铜网（左）和 COC 膜（右）处进行 SEM—EDS 分析

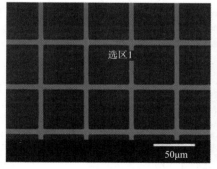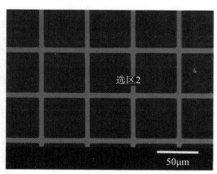

选区1　　　　　　　　　　　　　　　选区2

50μm　　　　　　　　　　　　　　　50μm

(a) SEM图

图 3.18

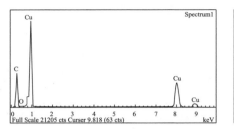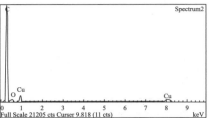

(b) 相应选区的EDS

元素	App (Conc.)	强度	质量分数/%	质量分数/%	原子占比/%
C	117.74	0.4992	50.49	0.26	83.64
O	2.43	0.5621	0.92	0.11	1.15
Cu	191.44	0.8435	48.59	0.26	15.21
总计			100.00		

元素	App (Conc.)	强度	质量分数/%	质量分数/%	原子占比/%
C	454.23	1.4598	87.52	0.30	93.61
O	7.70	0.3367	6.43	0.30	5.16
Cu	15.90	0.7402	6.04	0.12	1.22
总计			100.00		

(c) 相应选区的元素定量分析

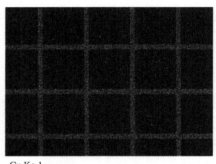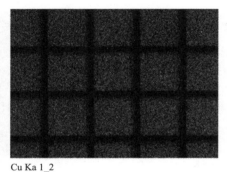

Cu Ka 1　　　　　　　　　　　　　　Cu Ka 1_2

(d) 元素映射图

图 3.18　在去离子水中浸泡 24h 后，所制备的典型铜微 EMTE 样品在铜网（左）和 COC 膜（右）处进行 SEM—EDS 分析

参考文献

［1］JANG T H，ZHANG C，YOUN H S，et al. IEEE transaction on antenna and propagation，2015.

［2］KIM D S，KHAN A，RAHMAN K，et al. Drop-on-demand direct printing of colloidal copper nanoparticles by electrohydrodynamic atomization［J］. Mater Manuf Process，2011，26（9）：1196-1201.

［3］KHALID R，ARSHAD K，NAUMAN MALIK M，et al. Fine-resolution patterning of copper nanoparticles through electrohydrodynamic jet printing［J］. J Micromech Microeng，2012，22（6）: 065012.

［4］KIM D S，RAHMAN K，KHAN A，et al. Direct fabrication of copper nanoparticle patterns through electrohydrodynamic printing in cone-jet mode［J］. Mater Manuf Process，2012，27（12）: 1295-1299.

［5］VAN DE GROEP J，SPINELLI P，POLMAN A. Transparent conducting silver nanowire networks［J］. Nano Lett，2012，12（6）: 3138-3144.

［6］VOSGUERITCHIAN M，LIPOMI D J，BAO Z. Highly conductive and transparent PEDOT : PSS films with a fluorosurfactant for stretchable and flexible transparent electrodes［J］. Adv Funct Mater，2012，22（2）: 421-428.

［7］HAN B，PEI K，HUANG Y，et al. Uniform self-forming metallic network as a high- performance transparent conductive electrode［J］. Adv Mater，2014，26（6）: 873-877.

［8］KIM H J，LEE S H，LEE J，et al. High-durable AgNi nanomesh film for a transparent conducting electrode［J］. Small，2014，10（18）: 3767-3774.

［9］RATHMELL A R，BERGIN S M，HUA Y L，et al. The growth mechanism of copper nanowires and their properties in flexible，transparent conducting films［J］. Adv Mater，2010，22（32）: 3558-3563.

［10］WU H，HU L，ROWELL M W，et al. Electrospun metal nanofiber webs as high-performance transparent electrode［J］. Nano Lett，2010，10（10）: 4242-4248.

［11］ZHU R，CHUNG C H，CHA K C，et al. Fused silver nanowires with metal oxide nanoparticles and organic polymers for highly transparent conductors［J］. ACS Nano，2011，5（12）: 9877-9882.

［12］LEE J，LEE P，LEE H，et al. Very long Ag nanowire synthesis and its application in a highly transparent，conductive and flexible metal electrode touch panel［J］. Nanoscale，2012，4（20）: 6408-6414.

［13］TOKUNO T，NOGI M，JIU J，et al. Transparent electrodes fabricated via the self-assembly of silver nanowires using a bubble template［J］. Langmuir，2012，28（25）: 9298-9302.

［14］ZHANG D，WANG R，WEN M，et al. Synthesis of ultralong copper nanowires for high-performance transparent electrodes［J］. J Am Chem Soc，2012，134

（35）：14283-14286.

［15］GUO H，LIN N，CHEN Y，et al. Copper nanowires as fully transparent conductive electrodes［J］. Sci Rep，2013，3：2323.

［16］WANG J，YAN C，KANG W，et al. High-efficiency transfer of percolating nanowire films for stretchable and transparent photodetectors［J］. Nanoscale，2014，6（18）：10734-10739.

［17］KANG M G，GUO L J. Nanoimprinted semitransparent metal electrodes and their application in organic light-emitting diodes［J］. Adv Mater，2007，19（10）：1391-1396.

［18］KANG M G，KIM M S，KIM J，et al. Organic solar cells using nanoimprinted transparent metal electrodes［J］. Adv Mater，2008，20（23）：4408-4413.

［19］ZOU J，YIP H L，HAU S K，et al. Metal grid/conducting polymer hybrid transparent electrode for inverted polymer solar cells［J］. Appl Phys Lett，2010，96（20）：203301.

［20］HONG S，YEO J，KIM G，et al. Nonvacuum，maskless fabrication of a flexible metal grid transparent conductor by low-temperature selective laser sintering of nanoparticle ink［J］. ACS Nano，2013，7（6）：5024-5031.

［21］WU H，KONG D，RUAN Z，et al. A transparent electrode based on a metal nanotrough network［J］. Nat Nano，2013，8（6）：421-425.

［22］YONGHEE J，JIHOON K，DOYOUNG B. Invisible metal-grid transparent electrode prepared by electrohydrodynamic（EHD）jet printing［J］. J Phys D：Appl Phys，2013，46（15）：155103.

［23］GUO C F，SUN T LIU Q. et al. Highly stretchable and transparent nanomesh electrodes made by grain boundary lithography［J］. Nat Commun，2014，5：3121.

［24］GUPTA R，RAO K D M，SRIVASTAVA K，et al. Spray coating of crack templates for the fabrication of transparent conductors and heaters on flat and curved surfaces［J］. ACS Appl Mater Interfaces，2014，6（16）：13688-13696.

［25］IWAHASHI T，YANG R，OKABE N，et al. Nanoimprint-assisted fabrication of high haze metal mesh electrode for solar cells［J］. Appl Phys Lett，2014，105（22）：223901.

［26］KIRUTHIKA S，GUPTA R，RAO K D M，et al. Large area solution processed

transparent conducting electrode based on highly interconnected Cu wire network
[J] . J Mater Chem C, 2014, 2 (11): 2089–2094.

[27] KIRUTHIKA S, RAO K D M, ANKUSH K, et al. Metal wire network based transparent conducting electrodes fabricated using interconnected crackled layer as template [J] . Mater Res Express, 2014, 1 (2): 026301.

[28] PARK J H, LEE D Y, KIM Y H, et al. Flexible and transparent metallic grid electrodes prepared by evaporative assembly [J] . ACS Appl Mater Interfaces, 2014, 6 (15): 12380–12387.

[29] ZHOU L, XIANG H Y, SHEN S, et al. High–performance flexible organic light–emitting diodes using embedded silver network transparent electrodes [J] . ACS Nano, 2014, 8 (12): 12796–12805.

[30] CHOI H J, CHOO S, JUNG P H, et al. Uniformly embedded silver nanomesh as highly bendable transparent conducting electrode [J] . Nanotechnology, 2015, 26 (5): 055305.

[31] KANG J, JANG Y, KIM Y, et al. An Ag–grid/graphene hybrid structure for large–scale, transparent, flexible heaters [J] . Nanoscale, 2015, 7 (15): 6567–6573.

[32] HSU P C, WANG S, WU H, et al. Performance enhancement of metal nanowire transparent conducting electrodes by mesoscale metal wires [J] . Nat Commun, 2013, 4: 2522.

[33] OK J G, KWAK M K, HUARD C M, et al. Photo–roll lithography (PRL) for continuous and scalable patterning with application in flexible electronics [J] . Adv Mater, 2013, 25 (45): 6554–6561.

[34] AN B W, HYUN B G, KIM S Y, et al. Stretchable and transparent electrodes using hybrid structures of graphene–metal nanotrough networks with high performances and ultimate uniformity [J] . Nano Lett, 2014, 14 (11): 6322–6328.

[35] BAO W, WAN J, HAN X, et al. Approaching the limits of transparency and conductivity in graphitic materials through lithium intercalation [J] . Nat Commun, 2014, 5: 4224.

[36] GAO T, LI Z, HUANG P S, et al. Hierarchical graphene/metal grid structures for stable, flexible transparent conductors [J] . ACS Nano, 2015, 9 (5): 5440–5446.

第4章 TEIT 技术制备微嵌入式金属网透明电极

本章讨论了一种改进的微 EMTE 制备技术，即模板电沉积—压印转移（TEIT）技术，该技术是通过取消光刻—电镀—压印转移（LEIT）工艺单位生产周期中所必需的网格图形化步骤而发展起来的。TEIT 技术利用一个可重复使用的具有微网特征的 SU-8 电沉积模板，从而简化了微 EMTEs 的制备过程。基于这种新颖技术，在 COC 薄膜上制备了具有不同节距的柔性镍（Ni）网微 EMTE 原型，产物具有良好的电学和光学性能。同时，对 SU-8 电沉积模板的稳定性也进行了测试，发现使用该模板进行 20 次重复制备循环后，其性能和形貌均未发生任何变化。这些研究结果表明，可重复使用 SU-8 电沉积模板可用于大规模制备微 EMTEs，具有很好的发展前景。

4.1 TEIT 技术简介

根据第 3 章介绍的内容可知，通过取消昂贵的真空金属沉积步骤，改善金属网的表面形貌和增强金属网与基底之间的附着力，LEIT 制备技术解决了金属网基透明导体的大多数关键问题。虽然 LEIT 是制备 EMTEs 的一种高性价比方法，但在制备每个样品时必须经过一个光刻步骤，这限制了该技术在高产量和大批量工业化生产中的实际应用。本章展示了一种基于模板电沉积的改进技术，即 TEIT 技术来制备微 EMTEs。在这个技术中，取消了 LEIT 单位生产周期中所必需的光刻步骤，而是利用一个具有微网格特征的可重复使用模板，简化了微 EMTEs 的制备过程。

详细制备过程如图 4.1 所示。在实验中，首先在干净的 ITO 玻璃基底上旋转涂覆一层 SU-8 光刻胶［图 4.1（a）］，厚度为 500nm。再利用光刻方法在 SU-8 薄膜上制备微网格图形，并将其作为可重复使用的电沉积模板［图 4.1（b）］。然后，利用电沉积技术将金属沉积在网格图形的沟槽中［图 4.1（c）］。在优化的过镀金属厚度下，将 COC 薄膜加热到高于其玻璃化温度，并将金属网压入其中

［图 4.1（d）］。冷却后，从 SU-8 模板上分离 COC 薄膜，这一过程可将金属网转移并部分嵌入薄膜中［图 4.1（e）］。然后使用无特征（空白）模具进行第二次热压，从而得到金属网完全嵌入的微 EMTE［图 4.1（f）］。然后，SU-8 模板可在下一个生产周期中继续重复使用，从而省去了费时费力的网格模板图形化步骤。相比于 LEIT 工艺，TEIT 制备技术更加简单易行。

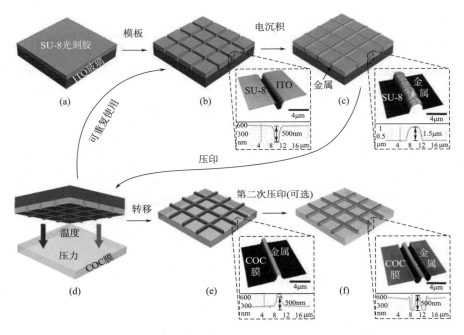

图 4.1　TEIT 技术制备微 EMTEs 示意图

4.2　实验部分

4.2.1　可重复使用电沉积模板的制作

首先用棉签和液体洗涤剂清洗 ITO 玻璃基底（薄层电阻约为 $10\Omega/m^2$，中国 South China Xiang S&T 公司），然后用另一个棉签和去离子水进行彻底冲洗。将 ITO 玻璃基底置于异丙醇和去离子水中超声清洗 30s，用压缩空气进行干燥，再利用氧等离子体进一步清洗基体 10min。用稀环戊酮溶液（美国 Microchem 公司）将 SU-8 2000 负性光刻胶（美国 Microchem 公司）稀释到固含量为 10%。然后将稀释后的 SU-8 光刻胶以 2000r/min 转速在 ITO 玻璃基底上旋转涂覆 60s，使膜厚达到 500nm。将薄膜在 110℃热板上预烘焙 60s，然后使用 UV-2000/35 型掩模对准器（中国科学院）对 SU-8 薄膜进行曝光，曝光剂量为 60mJ/cm²。将曝光后的 SU-8 薄膜在 110℃加热板上烘焙 60s，然后将薄膜在丙二醇单甲醚乙酸酯（PGMEA）显影剂（美国 Microchem 公司）中显影 50s。将得到的样品在去离子水中漂洗，再用压缩空气吹干。最后将模板在 200℃下硬烘焙 90min，从而提高 SU-8 薄膜与 ITO 玻璃基底之间的黏附力。

4.2.2　TEIT 技术制备柔性微 EMTEs

将带有微图形的可重复使用 SU-8 薄膜模板准备就绪之后，使用商业镀镍溶液（美国 Caswell 公司）进行电沉积。利用 Keithley 2400 型源表为双电极电沉积装置提供恒定的 5mA 电流，该装置以 SU-8 基电沉积模板为工作电极，金属棒为对电极。实验通过优化电沉积时间以达到后续成功转移所需的金属沉积厚度。电沉积完成后，用去离子水彻底冲洗样品，再用压缩空气吹干。然后用热压法将金属网转移到 100μm 厚的 COC 薄膜（6017 品级）上，该过程使用了与第 3 章第 3.2 节所述相同的自制装置。

在热压阶段，将热压板加热到 210℃，同时施加 15MPa 的压印压力。保温 5min 后，将加热板冷却到 50℃脱模温度。最后将 COC 薄膜从模板中剥离出来，从而将金属网部分嵌入 COC 薄膜中，剥离后的模板进入下一个生产周期。完全嵌入式微 EMTEs 的制备是将部分嵌入金属网的 COC 膜再次加热至 210℃，并将其压入两片无特征硅晶圆之间，这一步骤可将金属网推入热软化的 COC 膜中。经冷却和释放压力后得到完全嵌入金属网微 EMTEs，以用于后续器件生产过程。

使用 S-3400N 型扫描电镜（日本日立公司）和 Multimode-8 型原子力显微镜（美国 Bruker 公司）对样品的形貌进行了表征。按照第 3 章第 3.2 节所述的方法测量 EMTE 样品的薄层电阻，采用四探针技术以消除接触电阻。同样地，使用 Lambda 25 型紫外—可见光谱仪（美国 Perkin Elmer 公司）测试样品的透射光谱。本章中给出的所有透光率值均利用空白 COC 基底归一化为绝对透光率。

4.3　实验结果

4.3.1　TEIT 技术制备微 EMTEs 的形貌表征

采用 TEIT 技术在 COC 薄膜上制备了镍网微 EMTE 样品。图 4.2 为微 EMTE

在不同制备阶段时的形貌表征。图 4.2（a）为在 SU-8 薄膜中光刻形成的沟槽 [图 4.1（b）] 的 SEM 和 AFM 图。在该样品上，光刻胶沟槽的间距为 50μm，沟槽宽度约为 2μm，沟槽深度约为 500nm。图 4.2（b）展示了 SU-8 模板 [图 4.1（c）] 上的电镀镍网，生长电流为 5mA，面积为 2cm×2cm。从图中可以明显看到，镍网的线宽约为 4μm，厚度约为 2μm。图 4.2（c）表明镍网被成功地转移到 COC 薄膜上 [图 4.1（e）]。AFM 表征结果表明，镍网表面比 COC 薄膜高 500nm（相当于 SU-8 模板的沟槽深度），这证实了其具有部分嵌入的形貌。图 4.2（d）为最终完全嵌入的微 EMTE 结构 [图 4.1（f）]。

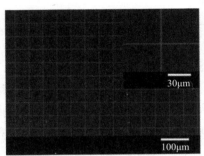
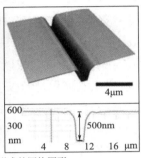

(a) 在可重复使用SU-8模板上形成的网格图形

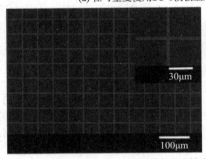
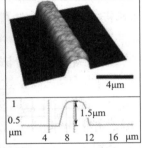

(b) 在SU-8模板上电镀生成的镍网

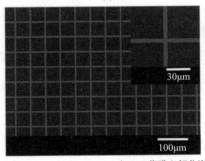
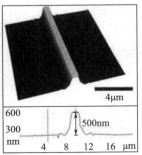

(c) 在COC薄膜上部分嵌入的镍网

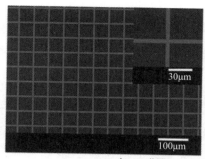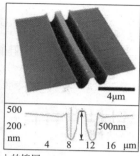

(d) 在 COC 薄膜上完全嵌入的镍网

图 4.2　TEIT 技术制备 50μm 节距镍微 EMTE 不同阶段产物的
SEM（左）和 AFM（右）形貌表征

4.3.2　TEIT 技术制备微 EMTEs 的性能表征

　　在保持金属网线宽和厚度不变的情况下，通过调节节距可以很容易地调整 EMTEs 的光学和电学性能，这样可以获得多种光学透明度和薄层电阻的不同组合来满足各种目标应用要求。采用 TEIT 工艺在 COC 薄膜上制备了不同节距（25μm、50μm、75μm 和 100μm）微 EMTEs 样品。图 4.3 为放置在建筑物前 75μm 节距镍微 EMTE 的光学照片，这证明样品具有很高的透明度。图 4.4 为所制备不同节距镍网微 EMTEs 样品的 SEM 图，表明 TEIT 制备方法具有通用性。对于这四个样品，SU-8 模板的槽宽和槽深保持不变，分别约为 2μm 和 500nm，而金属网的线宽和厚度分别约为 4μm 和 2μm。

图 4.3　放置在建筑物前方 COC 薄膜上
75μm 节距镍微 EMTE 的光学照片

　　图 4.5 为这些微 EMTEs 的相应紫外—可见光谱（300 ~ 850nm 波长范围）和薄层电阻。结果表明，样品在 550nm 波长下的光学透过率在 68% ~ 93% 变化，而薄层电阻在 0.32 ~ 1.68Ω/m² 变化。由于样品的金属网厚度是恒定的（约为 2μm），因此透光率和薄层电阻的变化是由于金属网节距的不同导致的。较小节距对应较低薄层电阻和低透光率，反之亦然。

55

因此，可以得出结论：通过调整金属网的节距，可以很容易地在大范围内调节微 EMTEs 的光学和电学性能。同样地，通过改变金属网的其他几何参数也可以得到多种光学透明度和薄层电阻的组合。

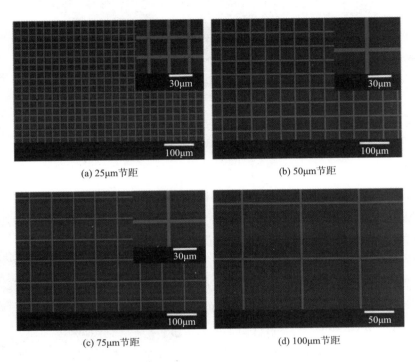

(a) 25μm节距   (b) 50μm节距

(c) 75μm节距   (d) 100μm节距

图 4.4　利用 TEIT 工艺制备的镍微 EMTEs 样品的 SEM 图

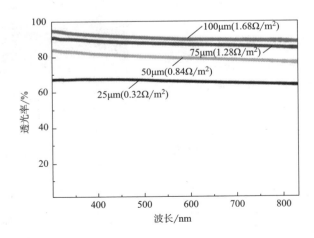

图 4.5　不同节距的典型镍微 EMTEs 样品的紫外—可见光谱和薄层电阻

4.3.3　TEIT 技术制备微 EMTEs 的机械稳定性

从实际应用的角度来看，弯曲应力下的柔韧性是非常重要的，如第 3 章第 3.3 节所论述。因此，除了对利用 TEIT 工艺制备的微 EMTEs 进行电学和光学性能测试外，还对 4 种微 EMTEs 样品（25μm 节距、50μm 节距、75μm 节距和 100μm 节距）进行重复弯曲实验以测试其柔韧性。图 4.6 显示了弯曲半径为 3mm 时薄层电阻随重复压缩弯曲循环次数的变化。结果表明，经 1000 次反复弯曲后，25μm 节距 EMTE 的薄层电阻变化范围为 0.32 ~ 0.49Ω/m^2，50μm 节距 EMTE 的薄层电阻变化范围为 0.82 ~ 0.82Ω/m^2，75μm 节距 EMTE 的薄层电阻变化范围为 1.28 ~ 1.74Ω/m^2，100μm 节距 EMTE 的薄层电阻变化范围为 1.68 ~ 2.48Ω/m^2。较大节距微 EMTEs 薄层电阻增加较大，这主要是由于其金属网上的应力较大所致，但是这一现象以及金属网在弯曲载荷下的失效机制还需要进一步的研究来证实。研究结果表明，所有样品的薄层电阻的变化均在初始值的 100% 以内，这证明了微 EMTEs 均具有良好的机械稳定性。镍网这种优异的机械稳定性可归因于它在 EMTE 中的嵌入式结构。

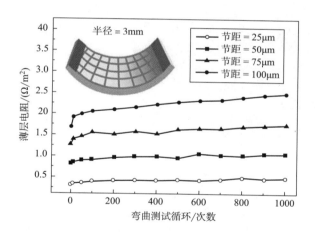

图 4.6　在弯曲半径为 3mm 的压缩载荷作用下，采用 TEIT 方法制备的不同节距
微 EMTEs 的薄层电阻随重复弯曲次数的变化曲线

4.3.4　SU-8 基电沉积模板的可重复使用性

众所周知，SU-8 薄膜在高温下具有良好的硬度，因而被广泛用作热压印和热纳米压印光刻（NIL）工艺的模具材料[1-3]。作为可重复使用的模板来制备 EMTEs 时，在 TEIT 工艺热压印转移过程中，SU-8 薄膜的机械和热稳定性对于维持薄膜形貌和耐温耐压效应至关重要。在 TEIT 工艺中，SU-8 模板的稳定性通

过反复制备循环来进行测试。图 4.7（a）和图 4.7（b）分别为新制备的 SU-8 模板及使用 20 次后模板的 SEM（左）和 AFM（右）图。通过比较可以清楚地发现，经过 20 次重复制备循环后，SU-8 模板的形貌没有受到明显的损坏。因此，作为可重复使用的电沉积模板，SU-8 在用于大规模制备微 EMTEs 方面呈现出良好的发展潜力。

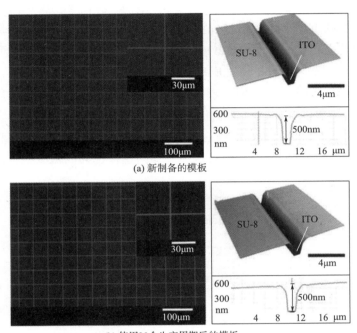

(a) 新制备的模板

(b) 使用20个生产周期后的模板

图 4.7　TEIT 工艺所用 50μm 节距 SU-8 模板的形貌表征

　　对使用同一 SU-8 模板所制备的镍微 EMTEs 的结构和性能进行了分析。图 4.8 为 50μm 节距镍微 EMTEs 在 1、5、10、15、20 个循环生产周期后的 SEM 图。从图 4.8 中可以明显看到，这些微 EMTEs 的形貌几乎没有发生明显改变，这证明了 SU-8 模板具有优异的可重复使用性。

　　同样地，利用同一模板所制备的镍微 EMTEs 的光学透过率（图 4.9）和薄层电阻（图 4.10）随 TEIT 工艺生产周期中 SU-8 模板重复使用次数的变化。结果表明，微 EMTEs 的透明度和薄层电阻的变化均在 5% 以内，这可能是由于在 TEIT 过程中实验参数的控制不够精确造成的，比如电沉积面积和电沉积时间的微小变化等。通过使用同一模板制备微 EMTEs 的可重复性进一步证实了 SU-8 基电沉积模板具有优异的稳定性。

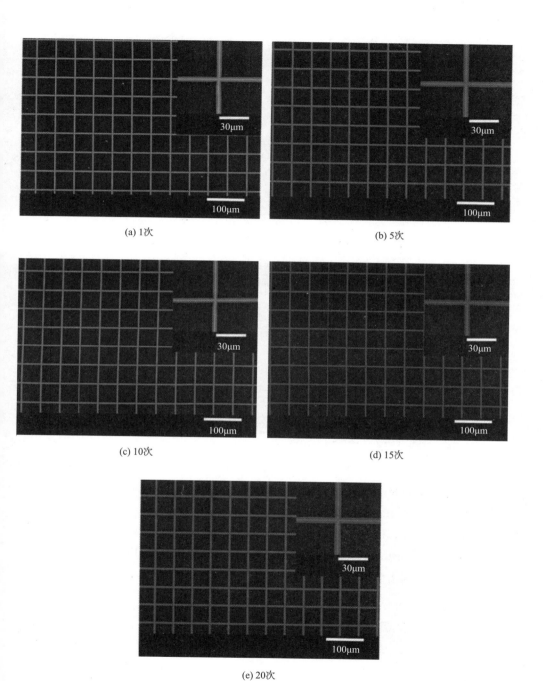

(a) 1次　　　　　　　　　　　　　(b) 5次

(c) 10次　　　　　　　　　　　　(d) 15次

(e) 20次

图 4.8　在 TEIT 工艺中重复使用同一 SU–8 模板制备的
镍微 EMTEs 的 SEM 图

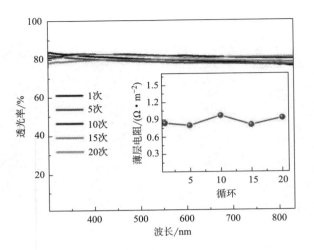

图4.9 在 TEIT 工艺中采用同一模板制备的典型镍微 EMTEs 的紫外—可见光谱和薄层电阻，其中插图为 TEIT 生产周期中所制备微 EMTEs 的薄层电阻随 SU-8 模板重复使用次数的变化

参考文献

［1］BHATTACHARYYA A，KLAPPERICH C M. Thermoplastic microfluidic device for on-chip purification of nucleic acids for disposable diagnostics［J］. Anal Chem，2006，78（3）：788-792.

［2］LIU J，RO K W，NAYAK R，et al. Monolithic column plastic microfluidic device for peptide analysis using electrospray from a channel opening on the edge of the device［J］. Int J Mass Spectrom，2007，259（1）：65-72.

［3］FAN Y，LI T，LAU W M，et al. Rapid hot-embossing prototyping approach using SU-8molds coated with metal and antistick coatings［J］. J Microelectromech Syst，2012，21（4）：875-881.

第 5 章　LEIT 和 TEIT 技术制备纳米嵌入式金属网透明电极

本章主要介绍利用 LEIT 和 TEIT 技术制备纳米 EMTEs，验证了相关制备工艺的尺度可伸缩性。LEIT 技术制备纳米 EMTEs，采用了电子束光刻（EBL）法和紫外步进光刻法进行纳米网格图形化。在柔性 COC 薄膜上制备的铜（Cu）纳米 EMTEs 表现出良好的光学和电学性能。同样地，在 TEIT 工艺中，纳米线光刻（NWL）技术也被用于制备具有纳米特征的二氧化硅模板，进而利用该模板在柔性环氧树脂 /COC 基底上制备镍纳米 EMTEs。二氧化硅模板具有良好的机械稳定性，非常有希望成为可重复使用的电沉积模板材料来制备柔性纳米 EMTEs。

5.1　纳米 EMTEs 简介

如本书第 3 章和第 4 章所述，EMTE 的结构及其基于溶液方式的制备技术（包括 LEIT 和 TEIT 技术）突破了金属网基透明导体（TCs）的大多数限制。尽管微 EMTEs 具有诸多优势，但其结构中较宽的线宽（几微米）和大的开放空间（数十微米）导致电性能的不均匀性，对于许多激发扩散长度较短的有机电子器件来说，这非常不利于其有效载流子传输。最近的研究表明，金属网透明导体局部导电性较差的问题一般可通过制备较窄线宽（数十纳米）和较小间隙（几微米）的金属网得到有效解决。然而，这些纳米网透明导体的结构和制备技术仍然存在缺陷，如昂贵的真空金属沉积工艺、不平整的表面形貌以及金属网与柔性基底之间弱的附着力等。针对上述限制，要求研发新颖的或改进的制备方法来制备金属纳米网透明导体。

在此，通过制备纳米 EMTEs 验证了 LEIT 和 TEIT 制备技术的尺度可伸缩性。首先利用 LEIT 工艺制备纳米 EMTEs，其中纳米网模板制作步骤采用了电子束光刻技术和紫外步进光刻技术。作为示例，在柔性 COC 薄膜上制备了铜纳米 EMTEs 原型，表现出优异的光学和电学性能。同样地，在 TEIT 工艺中，纳米线光刻技术也被用于制作具有纳米特征的可重复用电沉积模板，并将模板用于制备柔性镍纳米 EMTEs。

5.2 LEIT 技术制备柔性纳米 EMTEs

5.2.1 实验部分

在电子束光刻过程中，首先将正性电子束光刻聚甲基丙烯酸甲酯（PMMA）溶液（分子量为 15000，以苯甲醚作溶剂，质量浓度为 4%），以 2500r/min 的转速旋涂到干净的 FTO 玻璃基底上，时间为 60s。将涂覆后的玻璃基底在加热板上 170℃烘焙 30min。然后利用配备了 JC Nabity 图形编辑器的 Philips FEI XL30 型扫描电镜在基底上生成网格图形，再在异丙醇和甲基异丙基酮的混合溶液（3∶1）中进行显影。在随后的电沉积过程中，使用 Keithley 2400 型源表为双电极电沉积装置，电流密度为 3mA/cm²，并以美国 Caswell 公司生产的商业铜水溶液作为电镀液，以表面涂覆 PMMA 的 FTO 玻璃为工作电极和金属棒为对电极进行电沉积。将所得样品用去离子水漂洗，随后在丙酮溶剂中浸泡 5min 以溶解 PMMA，从而在 FTO 玻璃上留下裸露的铜网。随之将样品放置在液压机的热压板上（如第 3 章 3.3.1 节所述），并用 100μm 厚的 COC（8007 品级）薄膜覆盖在样品表面。将热压板加热至 100℃，并施加 15MPa 压印压力，压印时间为 5min。最后，将热压板冷却至 40℃后释放压力，再将 COC 薄膜从 FTO 玻璃上仔细剥离，从而得到纳米 EMTEs。

在紫外步进光刻过程中，首先清洗 ITO 玻璃基底（Delta Technologies Ltd，R_s=10Ω/m²），然后在基底上面旋转涂覆一层正性光刻胶（Dow megaposs SPR 220–3.0），所用转速为 5000r/min，时间为 30s，涂层厚度为 2μm。然后在 115℃下软烘焙 1min，再使用 i–line 步进器（GCA AS200AutoStep）对亚微米网格进行图形化处理。将光刻胶在 AZ MIF–300 显影剂中显影 1min，将样品用水冲洗，再用压缩空气干燥。在随后的电沉积和压印转移步骤中，采用与微 EMTEs 制备相似的规程（参见本书第 3.3.1 节）。

5.2.2 实验结果

EMTE 结构和 LEIT 工艺适用于制备亚微米尺度的金属网，可提供更好的不可见性和电连续性，在电子应用方面前景广阔。为了证明这种策略制备的产品的尺度可伸缩性，本工作利用 LEIT 工艺结合电子束光刻和紫外步进器在 COC 薄膜上制备了铜纳米 EMTEs。图 5.1 为电子束光刻图形化纳米 EMTE 在不同制备阶段时的形貌表征（左侧为 SEM 图，右侧为 AFM 图）。图 5.1（a）为利用电子束光刻技术在 PMMA 薄膜中生成的沟槽的 SEM 和 AFM 图，显示沟槽宽度约为 400nm，深度约为 150nm。图 5.1（b）为在 FTO 玻璃上沉积的铜纳米网（去除 PMMA 抗蚀剂后），图 5.1（c）为利用压印技术转移到 COC 薄膜上的铜纳米网。由图 5.1 可见，COC 薄膜上的金属纳米网采用了完全嵌入的形式，稳定性高，同时与聚合物膜之间具有很强的附着力。

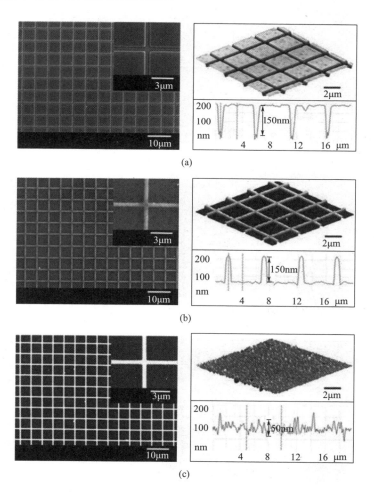

图 5.1　铜纳米 EMTE 原型在不同制备阶段时的形貌表征

在 LEIT 网格图形化中，利用紫外步进器制备了较大面积（1.8cm × 1.8cm）的铜纳米 EMTEs（$p = 50\mu m$，$w = 800nm$，$t = 1.5\mu m$），并用于电学和光学表征。图 5.2 为纳米 EMTE 在 LEIT 工艺不同阶段时的 SEM（左）和 AFM（右）形貌表征。图 5.2（a）为使用紫外步进器在光刻胶薄膜中所生成沟槽的 SEM 和 AFM 图。图 5.2（b）为在 ITO 玻璃上电镀得到的铜纳米网，从图 5.2 中可以看到铜网线宽约为 900nm，厚度约为 1.5μm。图 5.2（c）为转移后的铜网完全嵌入 COC 薄膜中，AFM 表征显示最终粗糙度小于 50nm，证实了纳米 EMTE 的嵌入式结构。

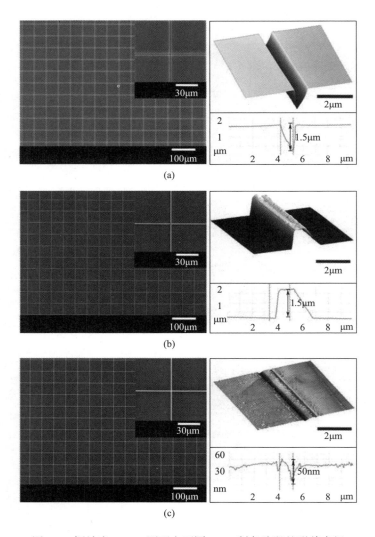

图 5.2　铜纳米 EMTE 原型在不同 LEIT 制备阶段的形貌表征

　　图 5.3 为利用紫外步进光刻法所制备的铜纳米 EMTE（节距 50μm，线宽 900nm）的紫外—可见光谱和薄层电阻。由于线宽较小，样品呈现出较高的光学

透过率（在 550nm 波长下为 94%）和极低的薄层电阻（0.61Ω/m²）。这些样品的成功制备证明了 EMTE 的结构和 LEIT 制备工艺的关键步骤可以很好地将制备精度缩小到亚微米范围。事实上，电沉积和压印转移过程可将金属网的极限线宽限定在 100nm 范围内，且金属网具有高深宽比，这为进一步缩小 EMTE 网的线宽提供了巨大的潜力，从而获得更好的电连续性和透光性。

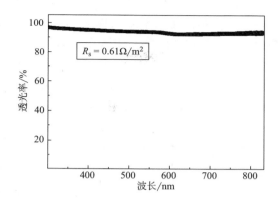

图 5.3　利用紫外步进光刻法在 COC 薄膜上制备的铜纳米 EMTE 的紫外—可见光谱和薄层电阻

5.3　TEIT 技术制备柔性纳米 EMTEs

如第 4 章所论述，改进后的 TEIT 技术取消了强制性的图形化步骤，简化了微 EMTEs 的制备过程，但其结构中仍存在线宽和开放空间较大的关键问题，这也要求缩小 TEIT 方法来制备纳米 EMTEs。本节详细介绍了利用 TEIT 技术来制备纳米 EMTEs。

5.3.1　实验部分

TEIT 制备工艺需要一个可重复使用的电沉积模板，因此，在 TEIT 制备过程中，首先制备了一个具有纳米特征的二氧化硅模板用于电沉积过程。图 5.4 为二氧化硅模板制备过程示意图。首先，按照第 3 章和第 4 章所述的步骤来清洁 ITO 玻璃基底（3cm×3cm），然后使用直径为 2 英寸（1 英寸 ≈ 25.4mm）的 SiO₂ 靶，在氩气气氛中、0.667Pa 压力范围内和 150W 射频功率下，通过射频溅射（RF）在玻璃基底上沉积一层 80nm 厚的 SiO₂ 薄膜［图 5.4（a）］。再利用水浴辅助对流组装技术将银纳米线（AgNWs，美国 ACS Material 公司）铺放在 SiO₂ 薄膜上［图 5.4（b）］，所用银纳米线平均长度约为 20μm，直径约为 125nm。在此过程中，使用自制的浸涂器将所组装银纳米线转移到样品上，最佳拉出速度为 2mm/s。随后，通过热蒸发在样品上沉积一层 30nm 厚的铬（Cr）膜［图 5.4（c）］，其中样品与 Cr 源距离约 30cm，沉积速度为 5Å/s。接下来，通过将银纳米线嵌入聚二甲基硅氧烷（PDMS）薄膜中将其清除。在这个过程中，将 Sylgard 184 有机硅弹性体基材与固化剂（美国 Dow Corning 公司）按照质量比 10 : 1 进行混合，形成 PDMS 预聚物混合物。将预聚物倒在样品表面上，并置于干燥器中在 5 ~ 10Pa 下进行脱气消除气泡，然后将 PDMS 预聚物在加热板上 100℃固化 1h。固化后，将 PDMS 薄膜从样品上剥离并带走所有的银纳米线，从而在 Cr 膜上留下开孔的痕迹［图 5.4（d）］。然后以 Cr 膜为掩膜，用 O_2 : CHF_3（5mL/min : 20mL/min）气体选择性地干式蚀刻 SiO_2 薄膜。

干式蚀刻采用自制的反应离子蚀刻（RIE）系统，该系统由一台等离子体发生器（TONSON 公司）和一台自制的气体控制器组成，采用的射频功率为 200W，室内基准压力为 20Pa。在上述条件下，SiO_2 的最佳刻蚀速率为 15nm/min。将 SiO_2 薄膜蚀刻并选择性裸露出基底 ITO 膜后［图 5.4（e）］，将样品浸渍到 Cr 腐蚀剂溶液（Techni Etch Cr01，法国 Technic 公司）中，在室温下浸泡 10min，从而去除 Cr 膜［图 5.4（f）］。最后用去离子水冲洗模板，并用压缩空气吹干。

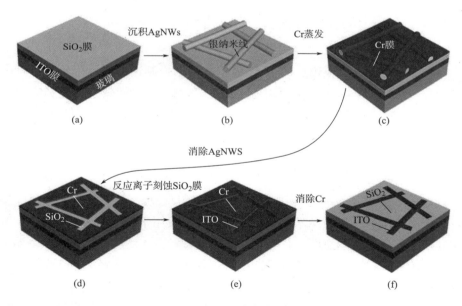

图 5.4　二氧化硅模板制备过程示意图

利用二氧化硅模板［图 5.4（f）］，采用 TEIT 工艺制备了镍纳米 EMTE 原型，详细过程如图 5.5 所示。在一个典型的重复制备过程中，通过电沉积技术在模板的沟槽中生长金属［图 5.5（b）］，该过程使用了美国 Caswell 公司生产的商业镀镍溶液。利用 Keithley 2400 型源表向双电极电沉积系统提供了 $3mA/cm^2$ 大小的电流密度，该系统以二氧化硅模板为工作电极，金属棒为对电极。最佳电沉积时间为 3min，平均覆盖金属厚度可达 600nm，从而在后续步骤中能够成功转移金属网。电沉积金属后，将样品在去离子水中进行彻底漂洗，再用压缩空气吹干。然后，利用紫外—压印工艺将金属网转移到柔性基底上 [图 5.5 (c)]。在此过程中，将 NOA-61 紫外光固化环氧树脂（美国 Norland Products Inc.）滴注到电镀后的二氧化硅模板上，并在其上面放置 100μm 厚的 COC（8007 品级）薄膜。然后，将环氧树脂/COC 基底置于紫外灯（功率为 400W，时间为 3min，峰值波长为 385nm）下，并在二氧化硅模板和环氧树脂/COC 基底上施加约 500kPa 的压力。将压力释放后，将模板和基底叠片从压印机中取出。最后，手动将环氧树脂/COC 基底从二氧化硅模板上剥离，这一过程可将金属纳米网以嵌入形式转移到塑料薄膜中 [图 5.5 (d)]，剥离后的模板进入下一个生产周期。

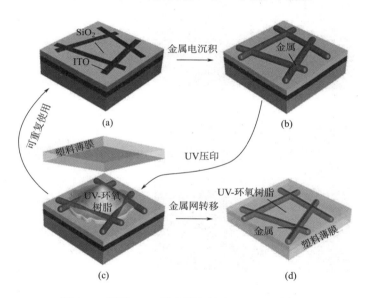

图 5.5　利用 TEIT 技术制备纳米 EMTEs 示意图

5.3.2　实验结果

利用 TEIT 工艺在环氧树脂/COC 基底上制备了镍网纳米 EMTE。图 5.6 为该纳米 EMTE 在不同制备阶段时的形貌表征。首先利用纳米线光刻技术在二氧化硅模板中生成纳米沟槽 [图 5.5 (a)]，图 5.6 (a) 为产物的 SEM 图和 AFM 图。由图 5.6 可见，样品的沟槽宽度约为 150nm，深度约为 80nm，且其在整个模板区域的平均节距小于 10μm。然后在二氧化硅模板上电镀镍网 [图 5.5 (b)]，图 5.6 (b) 为产物的 SEM 图（左）和 AFM 图（右），从图 5.6 中可以看到，镍网的线宽和厚度分别约为900nm和700nm。最后将镍网转移到环氧树脂/COC基底上［图5.5（d）］，图5.6（c）为产物的SEM图和AFM图，其中AFM表征结果表明，所制备纳米EMTE的表面粗糙度为80nm，与硅模板中沟槽的深度相近。与LEIT工艺类似，纳米EMTE的成功制备证实了TEIT工艺的关键制备步骤也可以很可靠地缩小到纳米尺度，为载流子传输提供更好的电连续性。

图5.7为在3cm×3cm大尺寸环氧树脂/COC薄膜上利用TEIT工艺所制备的

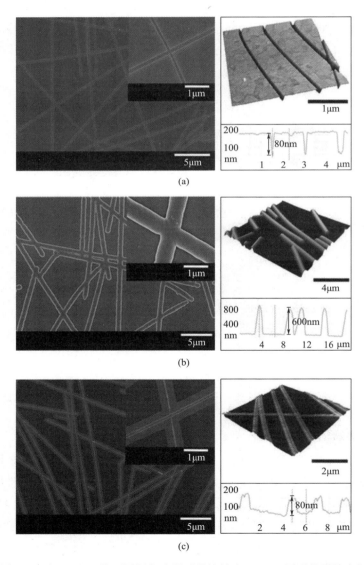

图5.6　在TEIT工艺不同制备阶段时的镍纳米EMTEs原型的形貌表征

镍纳米 EMTE（线宽为 900nm，厚度为 700nm）的紫外—可见光谱和薄层电阻及其最终的光学照片。样品在 550nm 波长处的透光率接近 80%，薄层电阻为 $1.84\Omega/m^2$。与 LEIT 工艺类似，在制备二氧化硅模板时，TEIT 工艺也可以通过调节纳米线的分布密度来获得多种光学透明度和薄层电阻的不同组合。

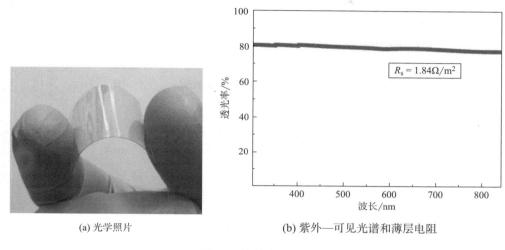

(a) 光学照片　　　　　　(b) 紫外—可见光谱和薄层电阻

图 5.7　镍纳米 EMTE

将二氧化硅模板重复使用 5 次制备循环后，对其形貌进行表征以检验该模板的可重复使用性。图 5.8 为使用 5 次后二氧化硅模板的 SEM 图和 AFM 图。将这些图与新制备的模板［图 5.6（a）］进行对比，可以看到在重复使用 5 次后，模板形貌没有发生明显的退化。这证明了二氧化硅模板在 TEIT 制备纳米 EMTEs 的过程中具有良好的稳定性。

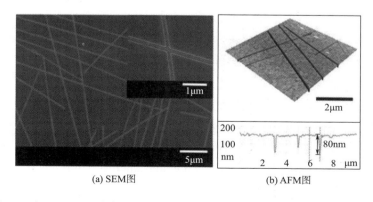

(a) SEM图　　　　　　(b) AFM图

图 5.8　在 TEIT 工艺中使用 5 个生产周期后二氧化硅电沉积模板的形貌表征

参考文献

［1］ DENG B，HSU P C，CHEN G，et al. Roll-to-roll encapsulation of metal nanowires between graphene and plastic substrate for high-performance flexible transparent electrodes ［J］. Nano Lett，2015，15（6）：4206-4213.

［2］ GAO T，HUANG P S，LEE J K，et al. Hierarchical metal nanomesh/microgrid structures for high performance transparent electrodes ［J］. RSC Adv，2015，5（87）：70713-70717.

［3］ GAO T，LI Z，HUANG P S，et al. Hierarchical graphene/metal grid structures for stable，flexible transparent conductors ［J］. ACS Nano，2015，9（5）：5440-5446.

［4］ CHOI H J，CHOO J，JUNG P H，et al. Uniformly embedded silver nanomesh as highly bendable transparent conducting electrode ［J］. Nanotechnology，2015，26（5）：055305.

［5］ GONG S，ZHAO Y，YAP L W，et al. Fabrication of highly transparent and flexible nanomesh electrode via self-assembly of ultrathin gold nanowires ［J］. Adv Electron Mater，2016，2（7）：1600121.

［6］ JANG S，JUNG W B，KIM C，et al. A three-dimensional metal grid mesh as a practical alternative to ITO ［J］. Nanoscale，2016，8（29）：14257-14263.

［7］ QIU T，LUO B，ALI F，et al. Metallic nanomesh with disordered dual-size apertures as wide-viewing-angle transparent conductive electrode ［J］. ACS Appl Mater Interfaces，2016，8（35）：22768-22773.

［8］ JO H S，AN S，LEE J G，et al. Highly flexible，stretchable，patternable，transparent copper fiber heater on a complex 3D surface ［J］. NPG Asia Mater，2017（9）：e347.

［9］ YU S，HAN H J，KIM J M，et al. Area-selective lift-off mechanism based on dual-triggered interfacial adhesion switching：highly facile fabrication of flexible nanomesh electrode ［J］. ACS Nano，2017，11（4）：3506-3516.

［10］ BUREK M J，GREER J R. Fabrication and microstructure control of nanoscale mechanical testing specimens via electron beam lithography and electroplating［J］. Nano Lett，2010，10（1）：69-76.

［11］DUAN S K, NIU Q L, WEI J F, et al. Water-bath assisted convective assembly of aligned silver nanowire films for transparent electrodes ［J］. Phys Chem, 2015, 17（12）: 8106-8112.

第6章　嵌入式金属网透明电极在柔性电子器件中的应用

本章总结了 EMTEs 在柔性双面染料敏化太阳能电池（DSSCs）和柔性透明薄膜加热器（FTTHs）中的应用，并报道了一种用于 DSSCs 器件的纳米结构高效柔性透明对电极（CE）的简便和低成本制备方法。该杂化对电极是由一种完全嵌入柔性透明基底中的原位铂纳米粒子（PtNPs）修饰的镍（Ni）微 EMTE 组成，其在弯曲应力下表现出优异的光电性能和柔韧性。原位负载 PtNPs 可以避免昂贵铂材料的浪费，最大限度地减少光学透明度的损失，并为三碘化物还原提供了高的电催化活性。杂化 PtNP—EMTEs 作为柔性 DSSCs 器件的对电极，其协同特性提高了功率转换效率（PCE）。当以钛箔为光阳极时，以 PtNP—EMTE 为 对电极的单面柔性 DSSCs 器件的 PCE 值高达 6.91%。以 PtNPs 涂覆的 ITO—PEN 为光阳极、PtNP—EMTE 为对电极的柔性双面 DSSCs 呈现出优异的 PCEs 值，其中正面光照时为 5.67%，背面光照时为 4.87%。双面 DSSC 器件的正面与背面 PCE 比值接近 85%，这在已发表的文献中是最高值之一。这些优异的结果表明，这种杂化透明对电极在低成本、高效率柔性 DSSCs 的规模化生产和商业化方面表现出巨大的发展潜力。同时利用基于 LEIT 技术制备的微 EMTEs，组装了一种透明、柔性的薄膜加热器。与现有产品相比，该薄膜加热器呈现出优异的性能。本工作研发的微 EMTEs 和纳米 EMTEs 具有优越的性能，成为其他柔性电子器件的潜在候选材料。

6.1　引言

柔性电子器件，如太阳能电池、发光二极管、显示器、触摸屏、智能窗户、能量收集器、电池、超级电容器和透明加热器等，通常是构建在塑料或金属箔等基底上，基底可以弯曲、折叠、扭曲和卷绕，但对其电性能只有轻微的影响。柔性电子器件通常采用逐层制备方法，即在柔性透明导体（TCs）上面沉积活性电子材料薄层。在许多应用中，也需要使用附加层进行封装和包装。为了获得更好的性能，应用于这些柔性电子器件中的透明导体需要同时具备三个特性，即高导电性、高光学透明度和高柔韧性。为了实现这些特性，基于有机和无机材料的新一代透明导体得到了广泛研究。同样地，也对 EMTEs 在柔性电子器件中的实际应用进行了研究。

另外，基于微 EMTEs 开发了一种用于柔性双面 DSSCs 的新型对电极。这种新型对电极具有微 EMTE 的特点，其中具有催化活性的 PtNPs 仅原位电沉积在镍网表面，因而不会显著降低其光学透明度。这种杂化 PtNP 修饰镍 EMTE 应用于柔性双面 DSSC 具有优越的 PCE。此外，基于微 EMTEs 组装了柔性透明薄膜加热器并进行了表征，结果表明，该器件响应速度快，只需低输入功率密度，且可在超低电压下运行，充分说明 EMTEs 应用于高性能柔性透明加热器具有良好的发展潜力。

6.2 基于微 EMTEs 的柔性双面 DSSCs

柔性太阳能电池具有重量轻、可弯曲性和便携性等独特的优点，在各种应用领域中表现出了极大的发展潜力，因而在过去十年中引起了人们的广泛关注。与其他类型太阳能电池相比，在导电塑料基底上制备的柔性 DSSCs 结构简单、成本低、产能高，可广泛用于便携式和移动式电源，因而极具发展前景。近年来，人们已经进行了大量的研究来提升柔性 DSSCs 的 PCE。然而，由于柔性基底的固有特性（如加工温度低）所带来的实际挑战，柔性 DSSCs 的 PCE 值仍远低于刚性 DSSCs，进而导致生产成本增大和成本回收期延长。

因此，在柔性 DSSCs 中，如何采用新材料和新型器件结构来进一步降低成本和提升 PCE 成为目前实现大规模商业化应用亟待解决的问题。解决这一问题的其中一种方法是设计双面 DSSCs，通过综合利用来自双面（包括正面和背面）的入射光可以将光捕获能力提高近一倍。特别是当其与反射背景应用时，如静态聚光器，可以显著提高能量输出效率。除了实现更有效的能量采集，这类器件还可以实现一些独特的应用，如发电窗户。然而，与传统的 DSSCs 不同的是，高效透明对电极在这类器件结构中必须利用背面光照，这使其制备困难且成本昂贵。当要求器件具有柔韧性时，这一挑战会进一步加剧。因此，开发低成本柔性透明对电极是实现双面柔性 DSSCs 商业化的关键。

目前，柔性对电极的主要材料是透明导电氧化物（TCO）涂覆塑料薄膜，特别是氧化铟锡（ITO）或氟掺杂氧化锡（FTO）涂覆 PEN（聚萘二甲酸乙二醇酯）

或聚对苯二甲酸乙二醇酯（PET）基底，通过在其表面修饰 PtNPs，可呈现优异的电催化性能，能够有效地将 I_3^- 还原为 I^-。尽管近年来人们付出了诸多努力来开发可替代无铂对电极并应用于 DSSCs，但是它们的电导率和催化活性仍然较低，还不能实现实际应用。虽然 PtNPs 基塑料应用在对电极上表现出比较令人满意的催化性能，但是，要实现塑料 DSSCs 的大规模商业化应用，TCO 涂覆塑料薄膜所引起的许多问题需要解决，包括材料成本高、丰度低、薄膜脆、高温处理时的热稳定性低和 PtNPs 附着力弱等。此外，PtNPs 在对电极基底上的沉积工艺也需要进一步研究和改进。Pt 溅射是在塑料导电基底上进行镀铂的一种首选技术，而其他几种技术，包括原子层沉积、浸渍、喷涂、电化学沉积和化学还原是近几年发展起来的可替代溅射法的技术，以便克服溅射法需要高真空处理而造成的成本高和产量低等缺点。然而，在这些新型技术中，大多数是将 PtNPs 覆盖整个基底区域，因此不可避免地会导致昂贵的 Pt 材料的浪费，从而增加了成本和延长了能量回收期，这是实现 DSSCs 大规模商业化应用的主要限制因素。此外，在全部基底表面沉积 PtNPs，基体通常会变得不透明，这显著降低了透明导电基底的光学透过率，导致通过对电极面进行背面光照时效率变差。基于 PtNPs 对电极存在的这些限制，要求改进和研发低成本方法来制备性能更好的对电极。

金属网基透明导体具有卓越的透明性、导电性和柔韧性，越来越多地应用于各种太阳能电池，甚至用于大型太阳能模块。金属网透明导体的薄层电阻非常低，可达到 $0.1 \sim 1\Omega/m^2$，这对于需要降低整个对电极压降的大型太阳能电池模块来说显得尤为重要。因此，将金属网基透明导体优良的电学、光学和力学特性与 PtNPs 高的电催化活性结合起来，开发一种理想的可替代柔性透明对电极，将其应用于双面柔性 DSSCs 具有潜在的优势。

基于微 EMTEs 开发了一种用于柔性双面 DSSCs 的新型对电极。该新型对电极的特点是将厚镍微网完全嵌入和锚定在高度透明的柔性 COC 基底上，而具有催化活性的 PtNPs 仅原位电沉积在镍网表面，因而不会显著降低其光学透明度。这种复合电极是通过可扩展且简单的，基于完全溶液过程制备的，并呈现出增强的光电性能以及在弯曲应力下表现出优异的柔韧性。作为 DSSCs 对电极，利用循环伏安（CV）和电化学阻抗谱（EIS）评价其电化学性能。当用作以 Ti 箔为光阳极的柔性 DSSC 的对电极时，这种杂化 PtNPs 修饰镍微 EMTE 的 PCE 值高达 6.91%，与以传统 ITO—PEN 为对电极的器件相比，性能显得更加优越。当应用于以透明 ITO—PEN 为光阳极的柔性双面 DSSC 中时，这种杂化 PtNPs 涂覆镍微 EMTE 在背面光照和正面光照下的功率转换效率可分别达到 4.87% 和 5.67%，两者之间的比值为 85%，均为已报道的柔性双面 DSSCs 的最佳结果之一。

6.2.1 实验部分

6.2.1.1 杂化 PtNP—EMTE 的制备与表征

首先，利用第 3 章和第 4 章所述 LEIT 和 TEIT 方法制备镍微 EMTEs。随后在商业镀铂水溶液（Met-Pt 200S，瑞士 Metalor 公司）中，采用脉冲电沉积方法将 PtNPs 沉积在镍微 EMTEs 上。所用设备为美国 CHI 660E 型电化学工作站和三电极系统，通过在初始电压和较高超电势之间施加脉冲波进行电沉积。

用日本 Hitachi S-4800 型扫描电镜（SEM）和美国 Bruker MultiMode-8 型原子力显微镜（AFM）对样品的形貌进行了表征。为了消除接触电阻，采用四探针方法测量样品的薄层电阻，在测量过程中，将四个电极放置在样品正方形（3cm×3cm）的四个角上，利用一台美国 Keithley 2400 型源表记录电阻值。利用美国 PerkinElmer Lambda 25 型紫外—可见光谱仪测量光学透射光谱。为了评估电化学耐久性，使用美国 CHI 660E 型电化学工作站和三电极系统测量循环伏安（CV）曲线，其中分别以 0.5cm^{2}CE 为工作电极，Pt 丝（F$^{1/4}$ 0.3mm）为参比电极和 Pt 片（1cm^2）为对电极。CV 测试所用电解液为 50mmol/L 碘化锂（LiI，Acros）、10mmol/L 单质碘（I$_2$，Sigma）、500mmol/L 高氯酸锂（LiClO$_4$，Acros）的混合溶液，其中溶剂为 3- 甲氧基丙腈（3-MPN，Sigma），扫描速率为 5mV/s。利用对称电池对三碘离子还原反应的催化活性进行测量，所用设备为荷兰 Auto-lab PGSTAT320N 型电化学阻抗谱测试仪，测试频率为 10^{-1} ~ 10^6Hz，振幅为 10mV。

6.2.1.2 柔性 DSSCs 的组装与表征

首先，将 ITO—PEN（厚度为 200μm，薄层电阻约为 13Ω/m^2，透光率为 80%）在超声波作用下用丙酮清洗 10min，再用 UV—O$_3$ 进行处理，以增强表面润湿性并改善低温二氧化钛（TiO$_2$）浆料与基底的附着力。采用刮刀涂覆（doctorblade）方法将粒径为 50 ~ 400nm 的介孔和无黏结剂 TiO$_2$ 胶体溶液涂覆到 ITO—PEN 上，并使 TiO$_2$ 层的厚度达到 7μm。将刮好的湿膜在 70℃ 烘箱中进行干燥来改善颗粒颈缩效应。为了进一步消除水分，将样品在 120 ~ 150℃ 下进行加热处理。对于 Ti—TiO$_2$ 基柔性 DSSCs，首先将钛基底进行抛光，并用 90℃ 过氧化氢溶液预处理 20min，再将 TiO$_2$ 浆料（粒度约为 20nm，Eternal 公司）利用丝网印刷技术涂覆到钛基底上，直到薄膜厚度达到 10μm。然后，在高温炉中 450℃ 烧结 30min 生成纳米多孔二氧化钛。用钌（Ru）络合染料（Dyesol N719，澳大利亚）在乙醇中对 TiO$_2$ 涂覆薄膜进行敏化：在室温条件下，将 ITO—PEN 阳极和 Ti 阳极浸渍在 0.4mmol/L 染料溶液中分别敏化 4h 和 12h。TiO$_2$ 光阳极的有效面积为 0.23cm^2。

将吸附染料后的光阳极和杂化 PtNP—EMTE 对电极面对面进行堆叠，并用 30μm 厚的热塑性 Surlyn 垫片（SX1170–25，瑞士 Solaronix 公司）进行密封。对于以 ITO—PEN 为光阳极的 DSSCs，将适量液态电解液注入两个电极之间的孔隙中，电解液为 0.4mol/L TBAI（四丁基碘化铵，Sigma）、0.3mol/L NMB（N– 甲基苯并咪唑，Sigma）、0.4mol/L LiI（碘化锂）和 0.04mol/L I_2 溶解于 AN/3–MPN（体积比为 1：1）混合溶剂中制成的溶液。对于以钛箔为光阳极的 DSSCs，所用电解液为 0.6mol/L PMII（1– 甲基 –3– 丙基咪唑碘化物，Sigma）、0.05mol/L I_2、0.1mol/L LiI、0.5mol/L TBP（磷酸三丁酯，Sigma）溶解于 AN/VN（体积比为 85：15）混合溶剂中制成的溶液。在标准太阳能模拟器（Peccell，PEC–L01，日本）下，用计算机控制的美国 Keithley 2400 型数字源表记录 DSSCs 在 1 个太阳照度（AM 1.5G，100mW/cm^2）下的 J—V 曲线。

6.2.2　实验结果

6.2.2.1　以 PtNP—EMTE 为对电极的柔性双面 DSSC 的结构

本研究所开发的柔性双面 DSSCs 具有常规结构，从正面到背面由一个 ITO—PEN 光阳极、染料浸渍 TiO_2 层、电解液和一个对电极组成，其中所用对电极是一种新型的 PtNP 修饰镍 EMTE。该器件的结构和组装过程如图 6.1 所示。图 6.1（a）所示的镍 EMTE 是通过 LEIT 和 TEIT 方法制备的，图 6.1（b）中的杂化 PtNP—EMTE 是利用脉冲电沉积法在起始电压与较高过电位之间施加脉冲波形来沉积 PtNPs 得到的（图 6.2）。光阳极是通过刮涂技术将介孔和无黏合剂 TiO_2

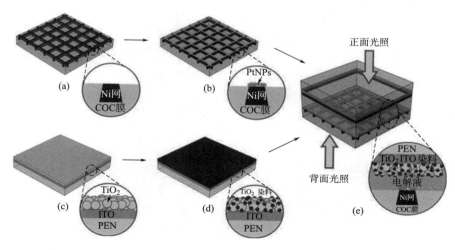

图 6.1　柔性双面 DSSCs 制备过程示意图

胶体溶液涂覆到柔性 ITO—PEN 基底上［图 6.1（c）］进行制备的。待干燥后，在室温下将薄膜浸入染料溶液中进行敏化，将其染成深棕色［图 6.1（d）］。如图 6.1（e）所示，将吸附染料后的光阳极和杂化 PtNP—EMTE 对电极进行组装并密封形成空腔，然后注入液体电解液，从而完成整个器件的组装过程。

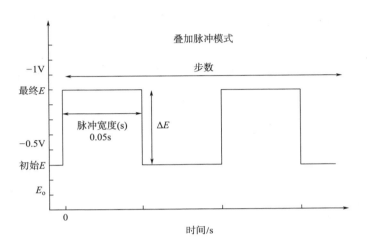

图 6.2 脉冲波形轮廓示意图

6.2.2.2 PtNP—EMTE 的电学、光学和力学性质

本研究所用的镍微 EMTEs 是通过将 50μm 节距镍网（图 6.3）转移到高度透明的柔性 COC 基底（图 6.4）上进行制备的，镍网厚度为 1.2μm，线宽为 3μm。

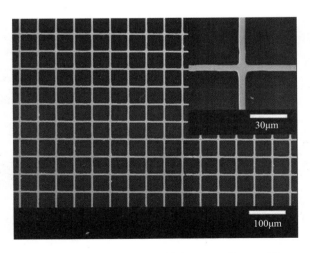

图 6.3 柔性 COC 薄膜上镍微 EMTE 的 SEM 图

图 6.5（a）为所制备的镍微 EMTE 的 EDS 映射图（左）和 AFM 图（右）。从图 6.5 中可以明显看到纯镍网完全嵌入 COC 基底上。镍 EMTE 表现出优异的薄层电阻（$R_{Sh} = 1.32\Omega/m^2$），在 300 ~ 800nm 波长范围内的光学透明度为 74%，这包

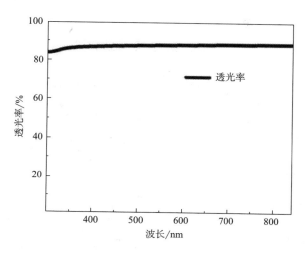

图 6.4　空白 COC 薄膜在紫外和可见波长范围内的光学透明度

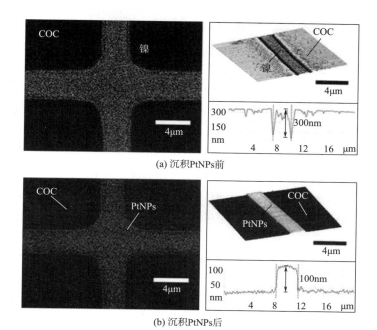

(a) 沉积 PtNPs 前

(b) 沉积 PtNPs 后

图 6.5　利用 EDS—SEM 和 AFM 对 COC 薄膜上的镍微 EMTE 进行材料组成及形貌表征

含了大多数 DSSCs 用染料溶液的吸收窗口。所研制的微 EMTEs 通常表现出很高的品质因子（FoM），因此可以成为 DSSCs 新型对电极的良好开发平台。利用脉冲电沉积技术将 PtNPs 沉积在镍微 EMTE 上得到杂化 PtNP—EMTE。对脉冲宽度和电位进行了优化，使其仅在嵌入的厚镍网裸露表面均匀沉积粒径一致的 PtNPs（图 6.6）。图 6.5（b）为表面涂覆 100nm 厚 PtNPs 薄膜的镍网的 EDS 映射图和 AFM 图，证明了其高纯度和均匀分布。详细的 EDS 分析如图 6.7 所示。

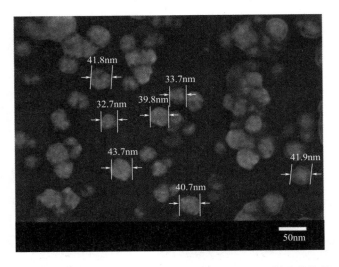

图 6.6　利用脉冲电沉积技术生成的 PtNPs 的 SEM 图及其粒径

由于器件在背面光照下的 PCE 值与入射光量有直接关系，PtNP 涂覆对电极的高光学透过率对于实现较高的 PCE 值非常重要。与以 PtNPs 涂覆 ITO—PEN 为基底的传统透明对电极相比，PtNP—EMTE 具有显著优势。不透明的 PtNPs 仅沉积在镍网裸露的表面上，因此不会显著牺牲对电极的光学透过率。图 6.8 对比了沉积 PtNPs 前后镍微 EMTE 和 ITO—PEN 的透明度。由图可见，原始镍微 EMTE 的透明度（550nm 处为 74%）低于 ITO—PEN 基底的透明度（550nm 处为 84%）。然而，当沉积 PtNP 后，镍微 EMTE 的光学透明度损失仅为 2%，而典型的 PtNP 涂覆 ITO—PEN 基底的光学透明度损失约为 20%。

这是由于在脉冲电沉积过程中，PtNPs 仅在导电网格表面上生长，因此没有显著影响镍微 EMTE 的光学透明度；而对于 ITO—PEN，PtNPs 覆盖了整个基底区域，因此导致了光学透明度的重大损失。总之，这种原位 PtNPs 沉积技术使杂化 PtNP—EMTE 表现出较高的整体光学透过率。与 PtNP 涂覆 ITO—PEN 相比，PtNP—EMTE 在循环弯曲应力下也表现出优异的机械稳定性。

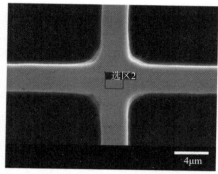

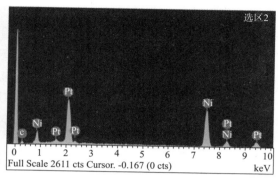

(a) PtNP涂覆镍微EMTE的扫描电镜图　　　　(b) 图(a)中对应选定区域的EDS谱

元素	质量分数/%	原子占比/%
C K	8.72	40.41
Ni K	50.63	48.00
Pt M	40.65	11.60
总计	100.00	

(c) 图(a)中对应选定区域的元素定量分析表

图 6.7　PtNP—EMTE 上网格线的 SEM—EDS 分析

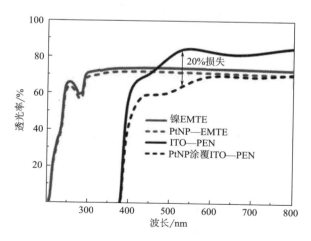

图 6.8　涂覆 PtNPs 前后镍微 EMTE 和 ITO—PEN 的光学透过率比较

将镍微 EMTE 和 ITO—PEN 反复压缩弯曲至半径为 5mm，其薄层电阻随重复弯曲循环次数的变化如图 6.9 所示。由图可见，在 1000 次弯曲循环中，薄层电阻（$R_{Sh} = 1.32\Omega/m^2$）没有发生明显的变化。相比之下，PtNP 涂覆 ITO—PEN

薄膜在短短几次弯曲循环后，其电导率就出现了严重的退化。同时，利用含丙烯酸胶黏剂的聚丙烯胶带进行反复剥离实验，进一步验证 PtNP—EMTE 的机械稳定性。在每次剥离实验后，利用循环伏安表来测量典型 PtNP—EMTE 的电催化活性，结果发现，3 次测试的 CV 曲线均没有发生明显变化（图 6.10），这证明了 PtNPs 在镍微 EMTE 上具有很强的附着力。PtNP—EMTE 呈现出优异的柔韧性和稳定性，这归因于金属网的嵌入本质及其与电沉积 PtNPs 之间的强附着力。

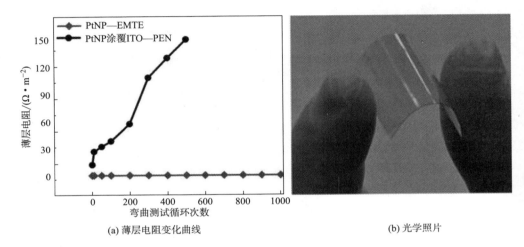

(a) 薄层电阻变化曲线　　　　　　　　　　(b) 光学照片

图 6.9　镍微 EMTE 和 ITO—PEN 反复弯曲后薄层电阻随循环次数的变化曲线及光学照片

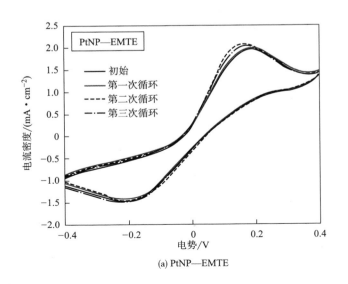

(a) PtNP—EMTE

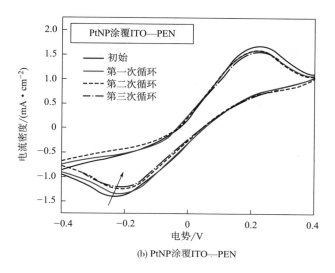

(b) PtNP涂覆ITO—PEN

图 6.10　对 PtNP—EMTE 和 PtNP 涂覆 ITO—PEN 进行反复胶带剥离实验后，
对电极的循环伏安曲线变化

6.2.2.3　杂化 PtNP—EMTE 的电催化活性

PtNP—EMTE 除了具有优异的电学、光学和力学性能外，还对 I^-/I_3^- 氧化还原反应表现出优异的电催化活性，而该氧化还原反应是 DSSCs 中最受关注的反应。图 6.11 为 PtNP—EMTE 和 PtNP 涂覆 ITO—PEN 在 $-0.4 \sim 0.4\text{V}$ 电压范围内的 CV 曲线，显示了阳极和阴极峰对以及峰值电流密度（I_{peak}），其中 I_{peak} 通

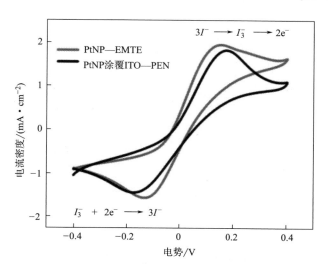

图 6.11　PtNP—EMTE 和 PtNP 涂覆 ITO—PEN 的循环伏安曲线

常用于评价对电极的电化学性能。从数据中可以明显看出，虽然 PtNP—EMTE 的有效面积仅为 PtNPs 完全覆盖的 ITO—PEN 的 10%，但 PtNP—EMTE 的 I_{peak} 值较高，说明其具有较高的 I^-/I_3^- 氧化还原反应电催化活性。这种较高的 I_{peak} 值可归因于在脉冲电沉积过程中所形成的 PtNP 团簇的活性表面积增加。X 射线衍射（XRD）表征进一步证实了这一点，图 6.12 显示了两个具有高衍射强度的低指数 Pt 面，即 Pt（111）和 Pt（110）平面（JCPDS，PDF No. 04–0802），它们对 I_3^- 还原具有催化活性。杂化 PtNP—EMTE 的优异性能表明，金属网与 PtNPs 的结合有效利用了 PtNPs 的高电催化活性和金属网优异的光、电、力学性能，是双面柔性 DSSCs 对电极的理想选择。

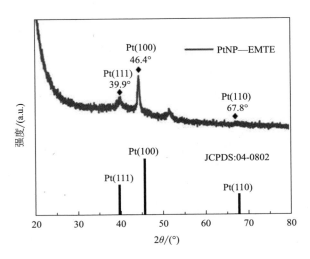

图 6.12　利用脉冲电沉积技术在嵌入式镍网表面沉积的 PtNPs 的 XRD 谱图

为了进一步理解 PtNP—EMTE 对电极的卓越性能，利用对称电池进行 EIS 测试，具体内容如第 6.2 节中所述。图 6.13（a）所示的 Nyquist 图从高频到低频区清晰地显示了三个具有不同阻抗特征的界面过程，分别代表串联阻抗（R_S）、电解液与对电极界面处的电荷转移阻抗（R_{CT}）和 I^-/I_3^- 在电解液中的 Nernst（能斯托）扩散阻抗（R_D）。在图 6.13（a）中，最佳拟合曲线所对应的等效电路元件值见表 6.1。由于其优异的导电性，PtNP—EMTE 的 R_S（0.80Ω/cm^2）远低于 PtNP 涂覆 ITO—PEN 的 R_S（5.05Ω/cm^2）。图 6.13（b）为 PtNP—EMTEs（有效面积为 0.36cm^2）的 R_{CT}[对应最佳拟合 Nyquist（奈奎斯特）图（图 6.14）]随脉冲电沉积时间的变化。从图中可以看到，随着脉冲电沉积时间的增加，PtNPs 的密度增大，如图 6.13（c）所示，这导致 R_{CT} 明显下降。一旦达到饱和值（0.21mg/cm^2），额外的 PtNPs 沉积对

R_{CT} 没有显著影响，从而可确定已经达到了最佳负载量。在最佳负载量时，PtNP—EMTE 的 R_{CT} 为 $1.21\Omega/cm^2$，而 PtNP 涂覆 ITO—PEN 的 R_{CT} 为 $2.93\Omega/cm^2$。此外，图 6.15 所示的 Bode（伯德）图也证明了 PtNP—EMTE 明显具有更好的电催化活性。PtNP—EMTE 的 R_{CT} 对应的特征频率为 43.3kHz，比 PtNP 包覆 ITO—PEN 的 2.1kHz 要高得多，表明离子对 PtNPs 的反应响应更快，电催化活性提高。

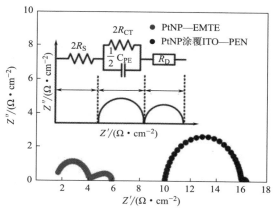

(a) 模拟电池的Nyquist图和相应的等效电路图

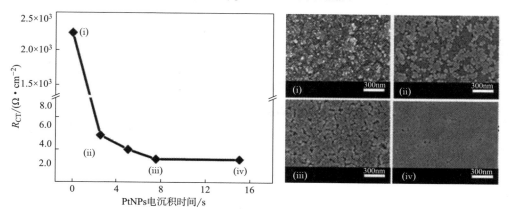

(b) PtNP—EMTE等效电荷转移电阻与PtNPs电沉积时间的关系曲线

(c) 对应样品的SEM图

图 6.13　电化学表征

表 6.1　对称模拟电池的电学性质

对电极	$R_{Sh}/(\Omega \cdot cm^{-2})$	$R_S/(\Omega \cdot cm^{-2})$	$R_{CT}/(\Omega \cdot cm^{-2})$	$C_{PE}/(\mu F \cdot cm^{-2})$	$R_D/(\Omega \cdot cm^{-2})$
PtNP—EMTE	1.32	0.8	1.21	8.2	2.15
PtNP 涂覆—ITOPEN	13.3	5.05	2.93	56	0.43

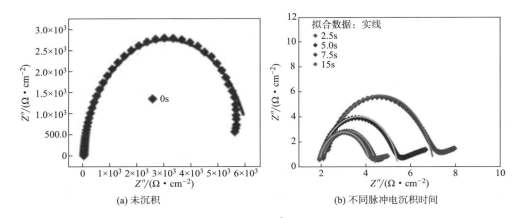

(a) 未沉积　　　　　　　　　(b) 不同脉冲电沉积时间

图 6.14　PtNP—EMTEs 所组装模拟电池的 Nyquist 图

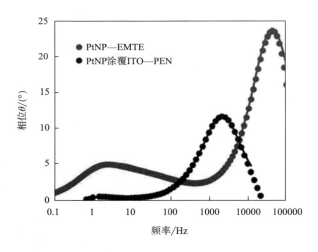

图 6.15　PtNP—EMTE 和 PtNP 涂覆 ITO—PEN 的伯德（Bode）图

6.2.2.4　PtNP—EMTE 作为对电极的柔性单面 DSSCs

PtNP—EMTE 具有优异的电学、光学、力学和电化学性能，可有效替代柔性 DSSCs 中传统的 ITO—PEN 对电极。采用与图 6.1 所示类似的方法，制备了以 PtNP—EMTE 为对电极、Ti 箔为光阳极的柔性 DSSCs，并与以 PtNP 涂覆 ITO—PEN 为对电极的对照样品进行比较。图 6.16（a）为所述器件的结构示意图和光学照片。由于这种结构使用不透明的钛箔作为光阳极，电池只能利用背面入射光，因此它是一个柔性的单面 DSSC。分别对以 PtNP—EMTE 和 ITO—PEN 为对电极的两种 DSSCs 在模拟 AM 1.5G 太阳能照射（100mW/cm²）下测试电流密度一电压（$J—V$）特性，结果如图 6.16（b）所示。PtNP—EMTE DSSC 器件的短路电流（J_{SC}）为 13.9mA/cm²，开路电压（V_{OC}）为 0.79V，填充因子（FF）为 67.3%，PCE 值可达 6.91%，远高于 ITO—PEN DSSC 的 4.57%。PtNP—EMTE DSSC 性能的提升可归因于这种杂化方式形成的对电极具有高透光率、低薄层电阻和高电催化活性。

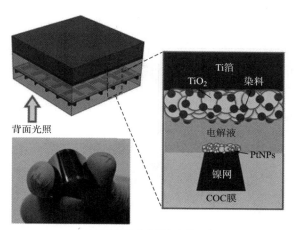

(a) 器件结构示意图和光学照片

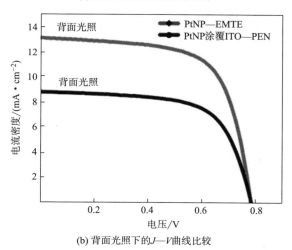

(b) 背面光照下的 $J—V$ 曲线比较

图 6.16　以 PtNP—EMTE 为对电极、Ti 箔为光阳极的柔性单面 DSSCs

6.2.2.5　PtNP—EMTE 作为对电极的柔性双面 DSSCs

以 LEIT 技术制备的 PtNP—EMTE 作为对电极，ITO—PEN 作为光阳极组装了柔性双面 DSSCs，并与以 ITO—PEN 为对电极和光阳极的 DSSCs 对照样品进行了比较，结果如图 6.17 所示。图 6.17（a）为所组装的柔性双面 DSSCs 的结构示意图和光学照片。这些 DSSCs 可以接受双面（正面和背面）光照，其 J—V 曲线和关键性能比较如图 6.17(b) 和表 6.2、表 6.3 所示。在正面（背面）光照条件下，PtNP—EMTE 为对电极的器件的 J_{SC} 为 11.63（9.98）mA/cm²，V_{OC} 为 0.70（0.70）V，FF 为 68.1%（67.1%），最终得到的 PCE 值为 5.52%（4.71%），这与以 PtNP 涂覆 ITO—PEN 为对电极的 DSSC 的 PCE 为 4.31%（2.11%）相比，有了明显提升。括号中的数据是从对电极一面光照器件得到的结果。研究结果表明，PtNP—EMTE DSSC 器件在背面光照下的 PCE 值超过了正面光照下的 85%，这种优异性能可以归因于 PtNP—EMTE 的协同效应优于相应的 PtNP 涂覆 ITO—PEN 对电极。

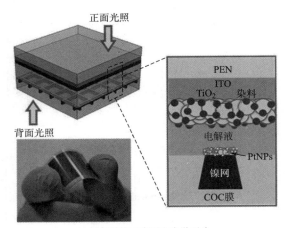

(a) 器件结构示意图和光学照片

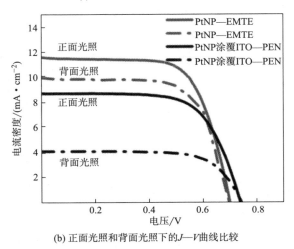

(b) 正面光照和背面光照下的 J—V 曲线比较

图 6.17　以 LEIT 技术制备的 PtNP—EMTE 为对电极、ITO—PEN 为光阳极组装的柔性双面 DSSCs

表 6.2　不同对电极柔性 DSSCs 的光电性能（正面光照）

光阳极	对电极	$J_{SC}/(mA \cdot cm^{-2})$	V_{OC}/V	FF/%	PEC/%
ITO—PEN	PtNP—EMTE	11.63	0.70	68.1	5.67
	PtNP 涂覆 ITO—PEN	8.76	0.74	66.0	4.31
Ti—箔	PtNP—EMTE	不适用			
	PtNP 涂覆 ITO—PEN				

表 6.3　不同对电极柔性 DSSCs 的光电性能（背面光照）

光阳极	对电极	$J_{SC}/(mA \cdot cm^{-2})$	V_{OC}/V	FF/%	PEC/%
ITO—PEN	PtNP—EMTE	9.98	0.70	67.1	4.87
	PtNP 涂覆 ITO—PEN	4.11	0.75	69.0	2.11
Ti—箔	PtNP—EMTE	13.19	0.79	67.3	6.91
	PtNP 涂覆 ITO—PEN	8.84	0.79	66.1	4.57

　　此外，利用 TEIT 技术制备的 PtNP—EMTE 为对电极，ITO—PEN 为光阳极组装了柔性双面 DSSCs 并对其进行了表征。图 6.18 显示了基于 TEIT 技术制备的 PtNP—EMTE DSSC 器件在模拟 AM 1.5G 太阳能照射（100mW/cm²）下的 $J-V$ 特性曲线。在正面光照下，该 DSSC 的 J_{SC} 为 11.10mA/cm²，V_{OC} 为 0.72V，FF 为 64.9%，最终得到的 PCE 值为 5.21%。在背面光照下，该 DSSC 的 J_{SC} 为 9.25mA/cm²，V_{OC} 为 0.74V，FF 为 65.4%，最终 PCE 值为 4.53%。该双面 DSSC 在背面光照条

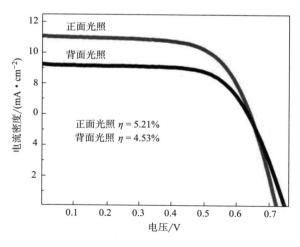

图 6.18　以 TEIT 技术制备的 PtNP—EMTE 为对电极、ITO—PEN 为光阳极的柔性双面 DSSCs 的 $J-V$ 曲线

件下的 PCE 值也超过了正面光照条件下 PCE 值的 85%，进一步证明了微 EMTE 基对电极的性能更好。

从柔性 DSSCs 的日常使用来看，弯曲应力作用下的柔韧性和耐久性在实际应用中具有重要意义，如便携式和可穿戴电子产品。在考虑弯曲半径的情况下进行弯曲实验，以评估器件在机械弯曲下的稳定性。将该双面柔性 DSSCs 弯曲（图 6.19）至 4 种不同曲率半径（r 分别为 2cm、1.5cm、1cm 和 0.5cm），并在前后光照下测量 J—V 曲线。

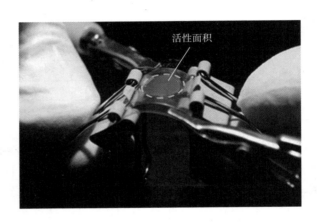

活性面积

图 6.19 弯曲形态 PtNP—EMTE 基双面柔性 DSSC 的光学照片

图 6.20（a）为正面光照下的 J—V 曲线，经计算得到的 PCE 值表明，在弯曲到 1cm 半径时效率下降不到 4%，同时很好地保持了 J_{SC}、V_{OC} 和 FF 等关键光伏参数（图 6.21）。在目前的先进柔性 DSSCs 当中，如此高的弯曲耐久性是非常具有竞争力的。然而，当器件弯曲到 0.5cm 半径时，PCE 值明显下降，仅达到初始值的 35% 左右。同样地，对于背面光照，J—V 曲线随弯曲半径的变化如图 6.20（b）所示，其光伏参数如图 6.22 所示。由图可见，当弯曲半径为 2cm 和 1.5cm 时，PCE 值基本保持不变（大于初始值的 90%）；而当弯曲半径分别为 1cm 和 0.5cm 时，PCE 值急剧下降，分别达到初始值的 51% 和 18%。PCE 降低可归因于该器件结构的固有缺陷，如 TiO_2 薄膜在 ITO—PEN 上的附着力较弱，在较小弯曲半径时，ITO—PEN 上染料吸附 TiO_2 薄膜由于高应力而发生分层剥离（图 6.23），导致光阳极失效，J_{SC} 急剧下降，从而造成器件性能衰退。研究结果表明，柔性 PtNP—EMTE 在这些柔性测试中不会引起明显的退化，因此是一种有希望实现柔性 DSSCs 大规模制备的候选材料。

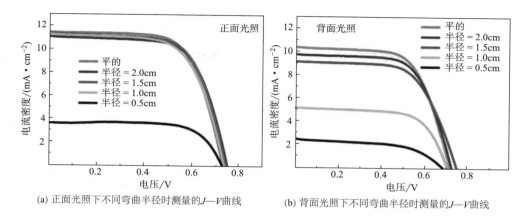

(a) 正面光照下不同弯曲半径时测量的 J—V 曲线　　　　(b) 背面光照下不同弯曲半径时测量的 J—V 曲线

图 6.20　以 PtNP—EMTE 为对电极、ITO—PEN 为光阳极的双面 DSSCs 的柔韧性测试

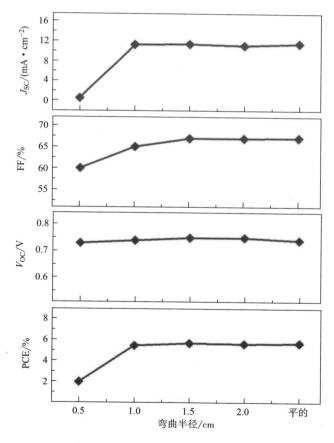

图 6.21　在正面光照条件下，对双面柔性 DSSC 施加压缩载荷，其光电性能参数
随弯曲半径的变化

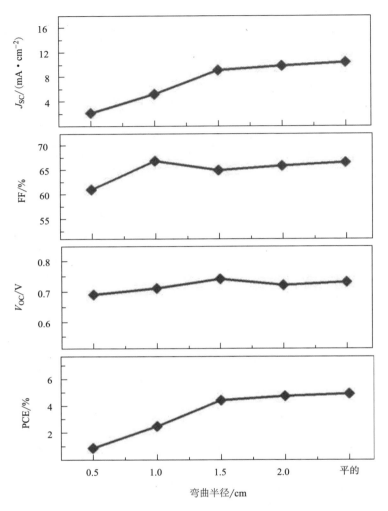

图 6.22　在背面光照条件下，对双面柔性 DSSC 施加拉伸载荷，其光电性能参数随弯曲半径的变化

图 6.23　ITO—PEN 基底上染料吸附 TiO$_2$ 膜分层剥离导致光阳极失效

6.3　基于微 EMTEs 的柔性薄膜透明加热器

透明加热器（FTTH）具有各种各样的应用，如户外显示器、恶劣应用环境下的液晶显示屏、窗户除霜器、潜视镜、热敏传感器和油画保护。近年来，柔性透明加热器受到了越来越多的关注，尤其是随着新兴柔性电子器件的发展，以及对光学透明度有较高要求的住宅或汽车智能窗户市场的不断上升。与其他电子器件类似，传统透明加热器中最常用的透明导体是基于 ITO 的，但由于 ITO 的脆性，其在柔性透明加热器中的应用受到了极大限制。因此，基于碳材料和金属纳米线的可替代透明导体成为近年来的主要研究课题，以期同时实现 FTTH 的透明性和柔韧性。FTTH 的结构和工作原理非常简单，但要实现低电压、高透光率、快速响应的要求，需要性能优异的透明导体。作为微 EMTE 的一种实际应用，本工作用其组装了一个 FTTH 器件。在该器件中，通过薄膜边缘的银糊触点给薄膜加热器提供直流电压，并使用红外热成像相机监测薄膜的温度。

图 6.24（a）为所制作 FTTH 的示意图。在测量过程中，在以 LEIT 技术所制备的方形铜微 EMTE 的两个边缘上涂覆银糊，再将 4 个探头放置在边缘上。利用 Keithley 2400 型直流电源通过薄膜边缘的银接点给加热器提供直流电压，使用 FLIR ONE 红外热像仪（美国 FLIR Systems）测量薄膜的温度。图 6.24（b）为 1cm × 1cm 大小 FTTH（薄层电阻为 $0.3\Omega/m^2$）的典型稳态热像图，其外加运行电压为 0.21V。由图可见，加热器表面温度分布相当均匀，这是由于所制备的微 EMTE 具有优良的导热性和导电性。在 0.12 ~ 0.21V 电压范围内，实验测量了在不同电压下加热器温度随时间的变化，结果如图 6.24（c）所示。在不考虑输入电压的情况下，FTTH 在 2s 内就达到稳态温度，显示了器件的快速响应性能。当电压为 0.21V，FTTH 的中心温度可达到 80℃，经计算，其功率密度大约为 $0.15W/cm^2$［图 6.24（d）］，说明器件只需在低输入电压、低功率密度下即可运行，这主要是由于微 EMTE 具有低薄层电阻。如图 6.24（c）所示，通过调节供电电压可以实现 FTTH 温度的精确控制。与大多数已发表的研究结果相比，低功率密度要求（< $0.15W/cm^2$）、快速响应（< 2s）和较低的工作电压（<1V）使基于 EMTE 的 FTTH 成为广泛应用的独特器件。

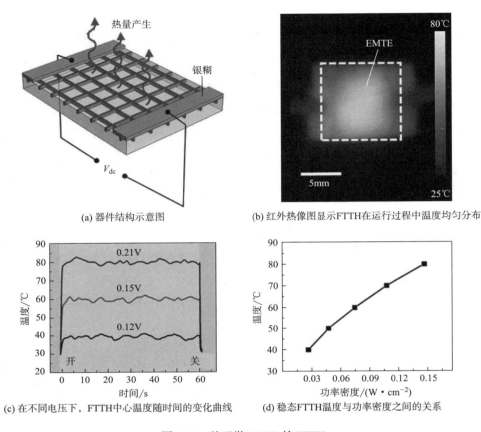

(a) 器件结构示意图

(b) 红外热像图显示FTTH在运行过程中温度均匀分布

(c) 在不同电压下，FTTH中心温度随时间的变化曲线

(d) 稳态FTTH温度与功率密度之间的关系

图 6.24 基于微 EMTE 的 FTTH

参考文献

[1] KALTENBRUNNER M，ADAM G，GLOWACKI E D，et al. Flexible high power-per-weight perovskite solar cells with chromium oxide-metal contacts for improved stability in air［J］. Nat Mater，2015，14（10）：1032-1039.

[2] GUSTAFSSON G，CAO Y，TREACY G M，et al. Flexible light- emitting diodes made from soluble conducting polymers［J］. Nat，1992，357（6378）：477-479.

[3] GELINCK G H，HUITEMA H E A，VAN VEENENDAAL E，et al. Flexible activematrix displays and shift registers based on solution-processed organic

transistors［J］. Nat Mater, 2004, 3（2）: 106–110.

［4］AHN J H, HONG B H. Graphene for displays that bend［J］. Nat Nano, 2014, 9（10）: 737–738.

［5］LLORDÉS A, WANG Y, FERNANDEZ–MARTINEZ A, et al. Linear topology in amorphous metal oxide electrochromic networks obtained via low–temperature solution processing［J］. Nat Mater, 2016, 15（12）: 1267–1273.

［6］PARK J H, HWANG G T, KIM S, et al. Flash–induced self–limited plasmonic welding of silver nanowire network for transparent flexible energy harvester［J］. Adv Mater, 2017, 29（5）: 1603473.

［7］YANG Y, JEONG S, HU L, et al. Transparent lithium–ion batteries［J］. Proc Natl Acad Sci, 2011, 108（32）: 13013–13018.

［8］CHEN T, XUE Y, ROY A K, et al. Transparent and stretchable high–performance supercapacitors based on wrinkled graphene electrodes［J］. ACS Nano, 2014, 8（1）: 1039–1046.

［9］GUPTA R, RAO K D M, KIRUTHIKA S, et al. Visibly Transparent Heaters［J］. ACS Appl Mater Interfaces, 2016, 8（20）: 12559–12575.

［10］LI Y, LEE D K, KIM J Y, et al. Highly durable and flexible dye–sensitized solar cells fabricated on plastic substrates : PVDF–nanofiber–reinforced TiO_2 photoelectrodes［J］. Energy Environ Sci, 2012, 5（10）: 8950–8957.

［11］PETER L M. The Grätzel cell: where next［J］. J Phys Chem Lett, 2011, 2（15）: 1861–1867.

［12］YELLA A, LEE H W, TSAO H N, et al. Porphyrin–sensitized solar cells with Cobalt（ii/iii）–Based redox electrolyte exceed 12 percent efficiency［J］. Sci, 2011, 334（6056）: 629–634.

［13］YOO K, KIM J Y, LEE J A, et al. Completely transparent conducting oxide–free and flexible dye–sensitized solar cells fabricated on plastic substrates［J］. ACS Nano, 2015, 9（4）: 3760–3771.

［14］GONG Y, LI C, HUANG X, et al. Simple method for manufacturing Pt counter electrodes on conductive plastic substratesfor dye–sensitized solar cells［J］. ACS App Mater Inter, 2013, 5（3）: 795–800.

［15］HÜBNER A, ABERLE A G, HEZEL R. Novel cost–effective bifacial silicon solar cells with 19.4% front and 18.1% rear efficiency［J］. App Phys Lett, 1997, 70（8）: 1008–1010.

［16］ITO S, ZAKEERUDDIN S M, COMTE P, et al. Bifacial dye-sensitized solar cells based on an ionic liquid electrolyte［J］. Nat Photon, 2008, 2（11）: 693-698.

［17］SONG D, LI M, LI Y, et al. Highly transparent and efficient counter electrode using SiO$_2$/PEDOT-PSS composite for bifacial dye-sensitized solar cells［J］. ACS Appl Mater Inter, 2014, 6（10）: 7126-7132.

［18］WU J, LI Y, TANG Q, et al. Bifacial dye-sensitized solar cells : a strategy to enhance overall efficiency based on transparent polyaniline electrode［J］. Sci Rep, 2014（4）: 4028.

［19］HEZEL R. Novel applications of bifacial solar cells［J］. Progress in Photovoltaics : Res App, 2003, 11（8）: 549-556.

［20］BU C, LIU Y, YU Z, et al. Highly transparent carbon counter electrode prepared via an in situ carbonization method for bifacial dye-sensitized solar cells ［J］. ACS Appl Mater Inter, 2013, 5（15）: 7432-7438.

［21］YUN S, HAGFELDT A, MA T. Pt-free counter electrode for dye-sensitized solar cells with high efficiency［J］. Adv Mater, 2014, 26（36）: 6210-6237.

［22］TAI Q, CHEN B, GUO F, et al. In Situ prepared transparent polyaniline electrode and its application in bifacial dye-sensitized solar cells［J］. ACS Nano, 2011, 5（5）: 3795-3799.

［23］BALASINGAM S K, KANG M G, JUN Y. Metal substrate based electrodes for flexible dye-sensitized solar cells : Fabrication methods, progress and challenges ［J］. Chem Commun, 2013, 49（98）: 11457-11475.

［24］LIN L-Y, LEE C-P, VITTAL R, et al. Selective conditions for the fabrication of a flexible dye-sensitized solar cell with Ti/TiO$_2$ photoanode［J］. J Power Sources, 2010, 195（13）: 4344-4349.

［25］WANG Y, ZHAO C, QIN D, et al. Transparent flexible Pt counter electrodes for high performance dye-sensitized solar cells［J］. J Mater Chem, 2012, 22（41）: 22155-22159.

［26］ZARDETTO V, DI GIACOMO F, GARCIA-ALONSO D, et al. Fully plastic dye solar cell devices by low-temperature UV- irradiation of both the mesoporous TiO$_2$ photo-and platinized counter-electrodes［J］. Adv Energy Mater, 2013, 3（10）: 1292-1298.

［27］HAUCH A, GEORG A. Diffusion in the electrolyte and charge-transfer reaction at the platinum electrode in dye-sensitized solar cells [J]. Electrochimica Acta, 2001, 46 (22): 3457-3466.

[28] HASHMI G, MIETTUNEN K, PELTOLA T, et al. Review of materials and manufacturing options for large area flexible dye solar cells [J]. Renew Sustain Energy Rev, 2011, 15 (8): 3717-3732.

[29] LEE K M, HSU C Y, CHEN P Y, et al. Highly Porous PProDOT-Et$_2$ film as counter electrode for plastic dye-sensitized solar cells [J]. Phys Chem, 2009, 11 (18): 3375-3379.

[30] PRINGLE J M, ARMEL V, MACFARLANE D R. Electrodeposited PEDOT-on-plastic cathodes for dye-sensitized solar cells [J]. Chem Commun, 2010, 46 (29): 5367-5369.

[31] MIETTUNEN K, TOIVOLA M, HASHMI G, et al. A carbon gel catalyst layer for the roll-to-roll production of dye solar cells [J]. Carbon, 2011, 49 (2): 528-532.

[32] BURSCHKA J, BRAULT V, AHMAD S, et al. Influence of the counter electrode on the photovoltaic performance of dye-sensitized solar cells using a disulfide/thiolate redox electrolyte [J]. Energy Environ Sci, 2012, 5 (3): 6089-6097.

[33] AITOLA K, HALME J, FELDT S, et al. A Highly catalytic carbon nanotube counter electrode on plastic for dye solar cells utilizing cobalt-based redox mediator [J]. Electrochimica Acta, 2013, 111: 206-209.

[34] QIN Q, ZHANG R. A novel conical structure of polyaniline nanotubes synthesized on ITO-PET conducting substrate by electrochemical method [J]. Electrochimica Acta, 2013, 89: 726-731.

[35] HUNG K H, CHAN C H, WANG H W. Flexible TCO-free counter electrode for dye-sensitized solar cells using graphene nanosheets from a Ti-Ti (Ⅲ) acid solution [J]. Renew Energy, 2014, 66: 150-158.

[36] HUNG K H, WANG H W. A freeze-dried graphene counter electrode enhances the performance of dye-sensitized solar cells [J]. Thin Solid Films, 2014 (550): 515-520.

[37] XU X, YANG W, LI Y, et al. Heteroatom-doped graphene-like carbon films prepared by chemical vapour deposition for bifacial dye-sensitized solar cells [J]. Chem Eng J, 2015 (267): 289-296.

［38］YANG W, XU X, TU Z, et al. Nitrogen plasma modified CVD grown graphene as counter electrodes for bifacial dye-sensitized solar cells ［J］. Electrochimica Acta, 2015, 173: 715-720.

［39］CHEN L, TAN W, ZHANG J, et al. Fabrication of high performance Pt counter electrodes on conductive plastic substrate for flexible dye-sensitized solar cells［J］. Electrochimica Acta, 2010, 55（11）: 3721-3726.

［40］FANG X, MA T, GUAN G, et al. Effect of the thickness of the Pt film coated on a counter electrode on the performance of a dye-sensitized solar cell ［J］. J Electroanal Chem, 2004, 570（2）: 257-263.

［41］FANG X, MA T, AKIYAMA M, et al. Flexible counter electrodes based on metal sheet and polymer film for dye-sensitized solar cells ［J］. Thin Solid Films, 2005, 472（1-2）: 242-245.

［42］GARCIA-ALONSO D, ZARDETTO V, MACKUS A J M, et al. Atomic layer deposition of highly transparent platinum counter electrodes for metal/polymer flexible dye-sensitized solar cells ［J］. Adv Energy Mater, 2014, 4（4）: 1300831.

［43］YANG L, WU L, WU M, et al. High-efficiency flexible dye-sensitized solar cells fabricated by a novel friction-transfer technique ［J］. Electrochem Commun, 2010, 12（7）: 1000-1003.

［44］FU N, XIAO X, ZHOU X, et al. Electrodeposition of platinum on plastic substrates as counter electrodes for flexible dye-sensitized solar cells ［J］. J Phys Chem C, 2012, 116（4）: 2850-2857.

［45］HASIN P, ALPUCHE-AVILES M A, LI Y, et al. Mesoporous Nb-Doped TiO_2 as Pt support for counter electrode in dye-sensitized solar cells ［J］. J Phys Chem C, 2009, 113（17）: 7456-7460.

［46］HONG S, YEO J, KIM G, et al. Nonvacuum, maskless fabrication of a flexible metal grid transparent conductor by low-temperature selective laser sintering of nanoparticle ink ［J］. ACS Nano, 2013, 7（6）: 5024-5031.

［47］WU H, KONG D, RUAN Z, et al. A transparent electrode based on a metal nanotrough network ［J］. Nat Nano, 2013, 8（6）: 421-425.

［48］HAN B, PEI K, HUANG Y, et al. Uniform self-forming metallic network as a high-performance transparent conductive electrode ［J］. Adv Mater, 2014, 26（6）: 873-877.

［49］KHAN A, LEE S, JANG T, et al. High-performance flexible transparent electrode with an embedded metal mesh fabricated by cost-effective solution process［J］. Small, 2016, 12（22）: 3021-3030.

［50］HUANG J, LI G, YANG Y. A semi-transparent plastic solar cell fabricated by a lamination process［J］. Adv Mater, 2008, 20（3）: 415-419.

［51］KIM A, WON Y, WOO K, et al. Highly transparent low resistance ZnO/Ag Nanowire/ZnO composite electrode for thin film solar cells［J］. ACS Nano, 2013, 7（2）: 1081-1091.

［52］MARGULIS G Y, CHRISTOFORO M G, LAM D, et al. Spray deposition of silver nanowire electrodes for semitransparent solid-state dye-sensitized solar cells ［J］. Adv Energy Mater, 2013, 3（12）: 1657-1663.

［53］BRYANT D, GREENWOOD P, TROUGHTON J, et al. A transparent conductive adhesive laminate electrode for high-efficiency organic-inorganic lead halide perovskite solar cells［J］. Adv Mater, 2014, 26（44）: 7499-7504.

［54］MAO L, CHEN Q, LI Y, et al. Flexible silver grid/PEDOT : PSS hybrid electrodes for large area inverted polymer solar cells［J］. Nano Energy, 2014, 10: 259-267.

［55］LI Y, MENG L, YANG Y, et al. High-efficiency robust perovskite solar cells on ultrathin flexible substrates［J］. Nat Commun, 2016（7）: 10214.

［56］SERVAITES J D, YEGANEH S, MARKS T J, et al. Efficiency enhancement in organic photovoltaic cells : consequences of optimizing series resistance［J］. Adv Funct Mater, 2010, 20（1）: 97- 104.

［57］ROWELL M W, MCGEHEE M D. Transparent electrode requirements for thin film solar cell modules［J］. Energy Environ Sci, 2011, 4（1）: 131-134.

［58］KHAN A, HUANG Y T, MIYASAKA T, et al. Solution-processed transparent nickel-mesh counter electrode with in-situ electrodeposited platinum nanoparticles for full-plastic bifacial dye-sensitized solar cells［J］. ACS Appl Mater Inter, 2017, 9（9）: 8083-8091.

［59］KHAN A, LI W. Transparent conductive films with embedded metal grids: US20160345430［P］. 2016-11-24.

［60］KHAN A, LEE S, JANG T, et al. Scalable solution-processed fabrication strategy for high-performance. flexible, transparent electrodes with embedded metal mesh［J］. J Vis Exp, 2017（124）: e56019.

［61］SNAITH H J, SCHMIDT-MENDE L. Advances in liquid-electrolyte and solid-state dye-sensitized solar cells［J］. Adv Mat, 2007, 19（20）: 3187-3200.

［62］HARDIN B E, SNAITH H J, MCGEHEE M D. The renaissance of dye-sensitized solar cells［J］. Nat Photon, 2012, 6（3）: 162-169.

［63］KOLICS A, WIECKOWSKI A. Adsorption of bisulfate and sulfate anions on a Pt（111）electrode［J］. J Phys Chem B, 2001, 105（13）: 2588-2595.

［64］ZHANG H, ZHOU W, DU Y, et al. One-step electrodeposition of platinum nanoflowers and their high efficient catalytic activity for methanol electro-oxidation［J］. Electrochem Commun, 2010, 12（7）: 882-885.

［65］HSIEH T L, CHEN H W, KUNG C W, et al. A highly efficient dye- sensitized solar cell with a platinum nanoflowers counterelectrode［J］. J Mater Chem, 2012, 22（12）: 5550- 5559.

［66］YOON Y H, SONG J W, KIM D, et al. Transparent film heater using single-walled carbon nanotubes［J］. Adv Mater, 2007, 19（23）: 4284-4287.

［67］KANG J, KIM H, KIM K S, et al. High-performance graphene-based transparent flexible heaters［J］. Nano Lett, 2011, 11（12）: 5154-5158.

［68］SUI D, HUANG Y, HUANG L, et al. Flexible and transparent electrothermal film heaters based on graphene materials［J］. Small, 2011, 7（22）: 3186-3192.

［69］KIM T, KIM Y W, LEE H S, et al. Uniformly interconnected silver-nanowire networks for transparent film heaters［J］. Adv Funct Mater, 2013, 23（10）: 1250-1255.

［70］KAMALISARVESTANI M, SAIDUR R, MEKHILEF S, et al. Performance, materials and coating technologies of thermochromic thin films on smart windows［J］. Renew Sustain Energy Rev, 2013（26）: 353-364.

［71］LIU L, MA W, ZHANG Z. Macroscopic carbon nanotube assemblies : preparation, properties, and potential applications［J］. Small, 2011, 7（11）: 1504-1520.

［72］BAE J J, LIM S C, HAN G H, et al. Heat dissipation of transparent graphene defoggers［J］. Adv Funct Mater, 2012, 22（22）: 4819-4826.

［73］YUN S, NIU X, YU Z, et al. Compliant silver nanowire-polymer composite electrodes for bistable large strain actuation［J］. Adv Mater, 2012, 24（10）: 1321-1327.

［74］JANG H S, JEON S K, NAHM S H. The manufacture of a transparent film heater by spinning multi–walled carbon nanotubes ［J］. Carbon，2011，49（1）：111–116.

［75］CELLE C，MAYOUSSE C，MOREAU E，et al. Highly flexible transparent film heaters based on random networks of silver nanowires ［J］. Nano Res，2012，5（6）：427–433.

［76］GUPTA R，RAO K D M，SRIVASTAVA K，et al. Spray coating of crack templates for the fabrication of transparent conductors and heaters on flat and curved surfaces ［J］. ACS Appl Mater Interfaces，2014，6（16）：13688–13696.

［77］HUANG Q，SHEN W，FANG X，et al. Highly flexible and transparent film heaters based on polyimide films embedded withsilver nanowires ［J］. RSC Adv，2015，5（57）：45836–45842.

第7章　结论及未来研究建议

本章系统总结了本书的主要贡献，并提出了金属网透明电极的未来研究方向。

7.1　结论

本书提出并展示了一种新型的嵌入式金属网透明电极，该电极具有优异的电学、光学以及力学性能。这种新型 EMTEs 的结构允许在不牺牲表面光滑度的情况下使用厚金属网来有效提高导电性。同时，该嵌入式结构还提高了 EMTEs 在高弯曲应力下的力学稳定性和在大气环境中的化学稳定性。此外，本书还提出了基于溶液方式的加工制备方法，可大批量和低成本制备所述透明电极。研究结果证明，这些制备工艺能够放大来制备较大面积电极、缩窄金属网线宽度，同时适用材料范围非常广泛。这些方法可以很容易地用于制作柔性甚至可拉伸的器件。

本书所述的这些新颖制备技术涉及的三个主要步骤，包括在导电基底上进行网格图形化、将金属沉积到网格图案上和将网格转移到柔性基底上，均是基于溶液方式的，并且不需要任何昂贵的真空工艺。通过对这些技术的优化，可制备出各种嵌入式金属网柔性微 EMTEs 和柔性纳米 EMTEs 原型，产品显示出优异的电学及光学性能。

在实际应用方面，EMTEs 可用于制备柔性染料敏化太阳能电池（DSSCs）和柔性透明薄膜加热器（FTTHs）器件。研制的新型对电极也用于组装柔性双面 DSSCs，其中的微 EMTE 具有催化活性 PtNPs。这种杂化 PtNPs 修饰的微 EMTE 基器件在背面光照下的功率转换效率（PCE）高达 4.87%，具有极高的转换效率，接近于正面光照下转换效率的 85%。此外，也构建并表征了一种基于 EMTE 的 FTTH 器件，其性能优于现有产品。凭借卓越的性能和低成本制备技术，EMTEs 在其他柔性电子器件中有着广泛的应用。

7.2 研究建议

用低成本的溶液加工技术在塑料基底上制备的 EMTEs 应用于柔性电子器件表现出了优异的性能。通过微小的调整，这些制备技术也有望用于制作可拉伸的电子器件和生物医学器件，如可穿戴显示器和电子皮肤等。

由于 EMTEs 具有优异的光学和电学性能，在柔性电子器件中有着广泛的应用。尽管本书所提及的应用仅限于 DSSCs 和 FTTHs，但这种 EMTEs 在其他类型的柔性太阳能电池中也呈现出潜在的应用前景，如钙钛矿太阳能电池以及其他柔性电子器件。

本书第 5 章论述了在柔性基底上制备纳米 EMTEs，验证了 LEIT 和 TEIT 制备技术的尺度可伸缩性。纳米 EMTEs 具有较窄的金属网线宽和节距，与微 EMTEs 相比，这种电极具有更好的电连续性和载流子输运，可以更有效地应用于具有较短激发扩散长度的有机电子器件。

由于微 EMTEs 中金属网的几何特征（节距、线宽和金属厚度）尺寸相对较大，微 EMTEs 的光学透过率和薄层电阻可以很容易地通过金属网的几何特征来近似估算。但是，与微 EMTEs 或者其他连续薄膜不同，除了金属网的几何特征外，纳米 EMTEs（尤其是具有亚波长金属网特征的纳米 EMTEs）的性能还可能受到其他表面等离子体效应的影响，但这一现象及其对电极性能的影响需要进一步研究。

参考文献

［1］TAVAKOLI M M, TSUI K H, ZHANG Q, et al. Highly Efficient flexible perovskite solar cells with antireflection and self-cleaning nanostructures［J］. ACS Nano, 2015, 9（10）: 10287-10295.

［2］YIN X, CHEN P, QUE M, et al. Highly efficient flexible perovskite solar cells using solution-derived NiO_x hole contacts［J］. ACS Nano, 2016, 10（3）: 3630-3636.

［3］DENG B, HSU P C, CHEN G, et al. Roll-to-roll encapsulation of metal nanowires between graphene and plastic substrate for high-performance flexible transparent electrodes［J］. Nano Lett, 2015, 15（6）: 4206-4213.

［4］GAO T, HUANG P S, LEE J K, et al. Hierarchical metal nanomesh/microgrid structures for high performance transparent electrodes ［J］. RSC Adv, 2015, 5 (87): 70713–70717.

［5］GAO T, LI Z, HUANG P S, et al. Hierarchical graphene/metal grid structures for stable, flexible transparent conductors ［J］. ACS Nano, 2015, 9 (5): 5440–5446.

［6］MUZZILLO C P. Metal nano-grids for transparent conduction in solar cells ［J］. Sol Energy Mater Sol Cells, 2017 (169): 68–77.